아빠, 나 어떻게 키울래요?

아빠, 나 어떻게 키울래요?

초판 1쇄 2015년 10월 10일

지은이 정상훈
펴낸이 전호림 **편집총괄** 고원상 **담당PD** 이정은 **펴낸곳** 매경출판㈜
등 록 2003년 4월 24일(No. 2 - 3759)
주 소 우)04627 서울특별시 중구 퇴계로 190(필동 1가) 매경미디어센터 9층
홈페이지 www.mkbook.co.kr
전 화 02)2000 - 2610(기획편집) 02)2000 - 2636(마케팅) 02)2000 - 2606(구입 문의)
팩 스 02)2000 - 2609 **이메일** publish@mk.co.kr
인쇄 · 제본 ㈜M - print 031)8071 - 0961

ISBN 979-11-5542-346-2(03590)
값 13,800원

아빠, 나 어떻게 키울래요?

정상훈 지음

매일경제신문사

아빠가 생겼어요

한성이가 우렁차게 울기 시작합니다. 무려 4박 5일의 진통 끝에 나온 아이라 그 목소리가 더 힘차게 들렸을지도 모릅니다. 아이를 품에 안는 순간, 온몸에 전기를 맞은 듯 찌릿해지고 갑자기 호흡이 가빠지더니 이내 두 눈에서 감격의 눈물이 흘러내렸습니다. 그러자 한성이는 갑자기 울음을 멈추고 저를 까만 눈동자로 빤히 쳐다보기 시작했습니다. 그 모습은 마치 이렇게 말하는 것처럼 느껴졌죠.

"안녕 아빠~ 근데 아빠, 나 어떻게 키울 거야?"

그래, 맞다. 어떻게 널 키운담? 음…. 걱정 마! 어떻게든 되겠지!
그렇게 숨을 고르자마자 더 많은 할 일들이 생기기 시작했습니다. 먼저 간호사 선생님은 혹시 소변이 잘 안 나올 경우 심각한 상황일 수도 있으니 아이를 잘 봐야 한다고 말했죠. 소변을 잘 누는지 살펴야 한다는 강박에 기저귀 풀기만 수십 번! 꼬박 4일 밤을 새며, 아기만 태어나면 모든 게 끝인 줄 알았던 이 무지한 아빠여! 그때부터 본격적으로 시작이란 생각을 왜 못 했을까요?

일단 아내는 아기에게 첫 젖을 물리려고 안간힘을 썼습니다. 이제 아내는 아이와 생존의 발걸음을 맞추기 시작한 것입니다. 저도 옆에서 아내를 도왔습니다. 젖을 잘 못 물려 아기도, 엄마도 어쩔 줄 모르는 모습에 내가 나설 때다 싶었던 거죠. 교육 받은 대로 햄버거 물리듯 아이의 입안에 쏙 넣어 줬지만… 아이는 바로 뱉어 내더군요. 다시 한 번! 그러나 다시 뱉어 내고…. 헛, 참. 쉽지 않더군요. 그때 의사 선생님이 와서 다시 한 번 시범을 보여 주셨습니다. 한 번에 성공한 선생님의 손이 어찌나 부럽던지!

집으로 온 저희 부부는 본격적으로 아기와 작은 것부터 맞춰 나가기 시작했습니다. 여기서 아빠들은 대부분 '포기'를 하게 됩니다. 여기서 포기란 사람이 수동적으로 바뀐다는 뜻입니다. 아내는 계속해서 말하죠. "아기는 내가 볼 테니 당신은 밥을 해!" 그러다 밥 하는 것이 마음에 들지 않으면 "당신은 그냥 청소나 해!", 그러다 청소 또한 맘에 안 들면? "잠이 모자라니 쪽잠 잘 때만이라도 아이 좀 봐 줘." 그러나 아빠의 익숙지 않은 손길을 바로 알아차린 아이는 죽어라 울어재끼기 시작합니다. 그 다음은 아내의 '폭발' 차례죠. "당신은 할 줄 아는 게 뭐야!"

그때, 소리 지르는 아내의 말대로 제 자신에게 물어봤습니다. "난 과연 무엇을 할 수 있을까?" 아기가 태어나면 모든 것이 아기 중심으로 바뀝니다. 그전엔 아빠가 가정의 중심이었을지라도, 한순간 집에서 서열 5위 정도로 떨어질지도 모릅니다.

1위 아기, 2위 엄마, 3위 분유, 4위 기저귀, … 그리고 5위 아빠?

그러니 언제까지 명령만 받을 건가요?

아빠들이여, 일어나세요! 조금만 알면 당신도 육아 달인이 될 수 있습니다!

모든 부모에게는 초보 엄마 아빠인 시절이 있습니다! 그러니 포기하지 말고 좀만 더 알아보면, 아이 키우는 재미를 느낄 수 있습니다. 아기 안는 법, 기저귀 가는 법, 목욕 시키는 법, 젖 물리는 법, 열이 오를 때, 코가 막혔을 때 대처법, 아내 젖 마사지하는 법 등!

'물론 말은 쉽지' 하시나요? 저 또한 처음에는 어찌하는지 몰랐습니다. 우리 모두 좋은 부모가 되길 원합니다. 소중한 아기가 태어났다면, '아빠는 돈을 벌고 엄마는 육아를 맡고'란 생각에서 벗어나야 해요.

아기를 키우면서 수많은 행복을 느낍니다. 하루하루 달라지는 모습을 볼 때면 눈물이 날 정도입니다. 이런 소중한 행복을 포기하고 싶지 않은 마음은 엄마 아빠가 똑같을 것입니다. 어느 날 어쩔 수 없는 일이 생겨 아빠가 아이를 돌보는데, 아이가 무슨 수를 써도 엄마만 찾고 운다면 어떨까요? 경험해 보고 싶은가요?

'아이를 멀리 두고 부르면, 엄마 아빠 둘 중 누구에게 올까'라는 질문에 '당연히 엄마지'라는 생각은 버리세요! 전 저한테 오게 할 거예요. 그러니까, 아빠를 더 좋아하게 만들 겁니다! 그러려면 노력이 필요합니다. 그런데 노력이 과연 힘들기만 할까요? 전 이 노력을 행복이라고 부르고 싶습니다. 아이 키우는 법에 대해 하나하나 알아가면서 아이와의 연결고리가 더 많이 생겼거든요.

모든 아빠들이 아이를 맘속으로는 사랑합니다. 그것도 누구보다 많이요. 하지만 아이는 마음만 갖고 감동하지 않습니다. 호수 같은 맑은 눈으로 바라보며 하는 "아빠, 나 어떻게 키울 거야?", "나 좋은 사람으로 만들어 줄 거지?" 등 수많은 물음 중 한순간 대답할 수 있는 것은 단 하나도 없습니다. 아이를 키우는 데는 오랜 시간 지속적인 관심과 관리가 필요합니다. 그러므로 '지금부터' 달라져야 합니다.

"이 아이를 위해 내가 달라지겠습니다!"

수많은 맹세 중 가장 가치 있는 것이 아닐까요?

남녀는 서로 다른 환경에서 자라왔기에, 결혼하고 처음 6개월은 죽어라 싸우다가 결국 휴전합니다. 이때 협상이 암묵적으로 진행되죠. "난 그 부분은 안 달라질 테니까 건드리지 말았음 좋겠어!", "그래, 대신…"

하.지.만. 아이는 당신이 달라지지 않으면 인간다운 인간으로 만들 수 없습니다. 일단 조금 자라서, 말이 통하는 정도가 되면 잘 키울 자신 있다는 분들도 있습니다. 그러나 그때는 아이가 아빠의 말을 '방구'로 생각할지도 모릅니다.

솔직히 말하면 저는 오직 저의 '행복권'을 위해 움직인 것입니다. 거창하게 들리지만 결국 기저귀 잘 갈아 주고, 울면 왜 우는지 엄마보다 조금 더 센스 있게 알아채고, '당신 품에만 있으면 아이가 이상하게 곯아 떨어져'라는 말에 뿌듯해 하고, '조금만 더 자라면 같이 캠핑가야지'라는 소박한 꿈을 꾸는 생활입니다. 지치고 힘든 몸으로 땀 냄새를 풍기며 집에 도착했을 때, 제 몸을 꼭 안으며 '아빠 사랑해'라고 아이들이 해맑게 웃어 주면 다시 한 번 사랑으로 충전되죠.

 당신이라면 지금부터 달라지시겠습니까? 아니면 나중에 상황 봐서 달라지겠습니까? 이 물음이 바로 제가 육아일기를 쓴 이유입니다!

정상훈

CONTENTS

Part 1

아빠,
진짜 우리 아빠 맞아요?

★

내가 진짜 아빠가 될 줄은 몰랐다!
아빠의 마음가짐

♥ 우리 집을 소개합니다!

우리 아빠가
결혼한 지도 몰랐다고요?

부모라면 다들 공감하시겠지만, 세상에서 제일 어려운 일 중 하나가 바로 '애 보기'입니다. 아이 잘 볼 수 있는 방법, 다시 말해 남자가 '아빠로서' 아이와 잘 놀 수 있는 방법, 아내에게 "잘 좀 놀아 줘" 같은 잔소리를 더 이상 듣지 않는 방법은 도대체 어디에서 배울 수 있는 것일까요. 제가 사실 애인데 누굴 돌본단 말입니까!

그러던 제가 조금씩 달라지고 있습니다. 아주 조금씩이지만요. 아이들과 놀고, 얘기하면서 말입니다. 아마 저와 같은 아빠들이 많을 것이라는 생각이 듭니다. 아직 바꾸지 못한 분, 포기하신 분, 달라지고 싶지만 방법을 모르시는 분들을 위해 이 말썽꾸러기 정상훈이 저만의 투박한 육아일기를 공개하려 합니다.

육아 고수 어머님들은 '이게 뭐야!'라고 생각할 내용일지도 모르겠습니다. 그러나 육아 방법은 모두 다르다 생각합니다. 제 경우는 '얼마나 합리적인가'가 포인트! 먼저 저희 가

족을 소개합니다. 예쁘게 봐 주세요.

네! '양꼬치엔 칭따오'도 집에 오면 아빠입니다요. 이번에는 두 살배기, 세 살배기 연년생 두 아들의 아빠 정상훈으로 다시 한 번 인사드립니다. 꾸벅꾸벅, 쎄쎄~ 잘 부탁한다해.

자, 여러분. 남자란 동물이 어떻습니까. 술 좋아하고, 게으르고, 지저분하고, 또 술 좋아하고, 술 좋아하고, 또 술 좋…. 보통 남자들 뭐 그렇지 않습니까.

아, 잠시만요. 술 안 좋아하는 분들은 남자가 아니라고 말하는 것이 아닙니다! 이런 걸로 양꼬치엔 칭따오를 오해하시면 안 됩니다.

어쨌든 이런 제가 바뀌기 시작한 것은 '가장'이 되고부터입니다. 가장도 그 정도에 따라 책임감이 무척 달라지더군요. 토끼 같은 아내와 갓 결혼해 둘만 있을 때를 애벌레라고 한다면 떡두꺼비 같은 아들 두 놈이 세상에 나오고부터는 불완전변태를 마친, 필사적으로 파닥거리는 나방이라고 할 수 있겠습니다. 모름지기 가장은 그래야 하는 것 아니겠습니까. 암요. 파닥파닥.

사실 몇 년 전만 해도 이런 생활은 꿈도 꾸지 못했습니다. 결혼할 생각도 물론 없었고요. 그, 그래요. 뭐, 결혼까지는 생각했어요! 그렇지만 제가 아빠가 되리라고는, 그것도 두 아들의 아빠가 되리라고는 생각도 못했습니다. 결혼하면 아이는 자연스럽게 생기는 거고, 육아는 닥치면 다 하게 되겠지라고 막연하게만 생각했죠.

그런데 막상 겪어 보니 우리 두꺼비들을 도로 토끼 같은 아내의 뱃속으로 집어넣고 싶을 때가 하루에 한 134번 정도? 파닥파닥거리는 불나방이 돼 그냥 불타 버릴까 싶은 생각도 밤이면 밤마다 했죠. 왜냐고요? 바로 이 녀석들 때문이죠.

이제 슬슬 말썽꾸러기가 돼 가고 있는 저희 집 두 꼬맹이입니다.

큰 아들이 제게 처음으로 했던 말이 새삼 떠오릅니다. 제 얼굴을 뚫어지게 보며 사랑스러운 눈빛과 꼬물대는 입술로 했던 그 소중한 말.

첫째

아들
2013년 2월생
만 2세(2015년)
정한성

"여보."

제게 이렇게 작은 '여보'가 한 명 더 생길지 누가 알았겠습니까. 큰 아들을 붙잡고 "아들, 그게 아니야, 자, 아빠를 따라해 봐, 아! 빠!"라고 가르치길 두어 달. 지성이면 감천이라더니 어느 화창한 날 아침, 저를 흔들어 깨우며 이 녀석이 "아… 아…" 하기 시작하는 것입니다.

그렇습니다! '아빠'의 '아'라는 발음을 구사해 낸 것입니다! 다정한 목소리에 콧등이 시큰하고 목구멍이 콱콱 막혀 오는 순간이었습니다!

"아… 아… 악어."

그렇습니다. 전 '악어'였습니다. 지금은 절 '사탕' 또는 '일어나'라고 부릅니다. 보시는 바와 같이 아주 개구쟁이입니다. 제 피를 쏙 빼닮은 흥이 많은 아이죠.

또 춤, 노래를 굉장히 사랑하는 아이입니다. 어릴 때부터 엄마가 하루에 동요 50곡은 기본으로 불러 줬더니 첫 돌 지나고부터는 완전히 가수가 됐습니다. 그것도 '곰 세 마리'를 완창한 뒤 '올챙이 송'으로 셀프앵콜 하고, '멋쟁이 토마토'를 부르며 방으로 퇴장하는 프로페셔널한 모습의 녀석이 됐습니다. 참 신기했어요. 원음은 물론 화음까지 살뜰하게 집어넣는 모습에 제 어깨가 다 들썩거리더군요. 아들과 함께 콧바람 동요 메들리 앨범이라도 내고 싶은 화산처럼 솟구치기 시작한 것도 이쯤이었지요.

그래서 이 앨범이 어느 정도나 진행되고 있는지 궁금하시죠? 정답은 0%! 물론 제 탓은 아닙니다. 18개월이 지나가면서 점점 자기주장이 강해지더군요. 무슨 말을 해도 "싫어!", "안 해!", "하지마!"거리는 바람에 이제 콘서트 얘기는 꺼내 보지도 못하고 있습니다. 저도 질 수 없어서 "해, 빨리 해! 당장해애애!"라고 받아치기 바빠졌거든요.

우리 아들의 댄스타임, 감상해 보시죠.

QR코드를 찍어 확인해 보세요!

둘째

아들
2014년 5월생
만 1세(2015년)
정한음

이번엔 둘째 한음이입니다. 볼이 빵빵한 것이 참 복스럽게 생겼죠? 이름도 예쁘죠? 제가 직접 작명 책을 가지고 두 달 동안 고심한 끝에 지은 이름입니다. 큰 아들 이름도 물론 그렇게 지어 줬고요. 다른 건 못 해 줘도 이름만큼은 뜻깊게 만들어 줘야겠다는 바람으로 모르는 한자를 찾고, 찾고 또 찾다가 아주 그냥 칭따오로 지을 뻔했습니다.

먹고 자고, 먹다 자고, 자다가 먹는 것이 일상인 우리 작은 아들은 배가 고프거나 졸릴 때 빼곤 우는 일이 거의 없습니다. 왜 이때가 제일 예쁘다고 하는지 알 것 같아요. 기분이 좋을 때면 눈을 접고 빵긋 웃는 살인적인 애교를 부리기도 한답니다. 또 한음이를 보면 다들 코가 저를 닮았다고 합니다. 전 잘 모르겠는데.

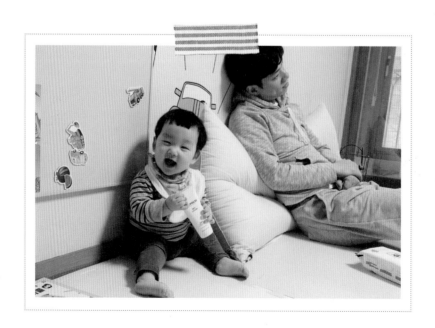

제 백일 사진입니다. 어때요, 저랑 닮았나요?
전 하나도…

정말 닮았나요? 성격은 안 닮았으면 좋겠습니다만. 하하. 구강기를 왕성하게 보내고 있는 둘째 한음이는 일단 뭐든 지 입으로 가져가고 봅니다. 뭐든지요. 집 안의 모든 물건 은 한음이 침으로 코팅돼 있다고 생각하시면 됩니다.

보행기를 타고 집안 곳곳을 누비며, 후세들에게 물려줄 '아밀라아제 로드'를 만들죠. 때로는 이 녀석의 보행 속도에 심히 놀라곤 합니다. 피할 새 도 없이 저의 새끼발가락이 보행기의 바퀴에 껴서 피가 줄줄 날 때입니다. 허허, 큰일을 하시겠다는데 이 정도 희생은 참아 내야겠죠.

아내
다른 것은 비~~밀

마지막으로 우리 한성이, 한음이 엄마를 소개합니다. 매일매일 육아라는 전쟁터에서 살 아가는 저의 아내입니다. 대견하고, 안쓰러운 여인이죠. 언제나 긍정적이고 밝고, 저보다 10살이나 어리지만 누나 같을 때가 더 많은 훌륭한 사람입니다. 아내를 보고 있으면 참 대단하다는 생각이 듭니다.

하루 종일 아이들에게 사랑을 주면서 씨름도 해야 하는, 두 아이의 엄마로서의 삶을 저에게 살라고 했으면 진작 도망갔을 것 같거든요. 제가 조금이나마 철이 든 이유도 바로 이 분 때문입니다. 다시 한 번 느끼지만 아이를 낳고 키우는 모든 엄마들은 정말 존경스러운 존재입니다.

이제 누가 누구를 키우는지 분간이 안 가는 좌충우돌 육아일기, 시작해 볼까요?

 아빠가 주는 TIP

- 아이들 사진을 자신의 어렸을 적 사진과 나란히 놓고 비교해 보세요! 다들(아마 본인만 빼고) "붕어빵이네!" 할걸요? 그래도 여전히 인정할 수는 없겠지만요….

- 날짜를 정해 아이들과 가족사진을 찍어 보세요. 아이들에게 좋은 추억거리로 남을 것입니다. 저희 집은 결혼기념일마다 사진을 찍어요. 제 교육관은 '좋은 추억을 만들어 주는 것이 최고'입니다. 좋은 추억은 곧 좋은 인성을 만드니까요!

♥ 예비 아빠들은 다 본다는 육아서…
아빠도 봤죠?

아빠,
뱃속에 있을 때
다~ 기억나는 거
아시죠?

우리 모두는 부모님의 사랑으로 자연스럽게 태어났습니다. 물리적인 개입은 없었어요. 초반 세포분열을 통해 2개에서 4개로, 그 다음은 8개, 64개로 쪼개지며 커지기 시작했죠. 너무 구체적인가요? 하하.

이 작은 세포는 엄마 뱃속을 자유롭게 떠돌아다니다가 그중에서도 가장 좋아 보이는 자리에 푹 눌러앉게 됩니다. 즉, 착상이 되는 거죠. 그러면 엄마의 몸에서는 월경이 없어지고, 미열이 나기도 합니다. 4~5주 뒤, 아빠들은 임신 소식을 듣게 됩니다.

"여보, 나 임신했어…"

쿠궁! 제가 뱃속에 있을 때 임신 소식을 접한 아버지도 아마도 저처럼 뛸 듯이 기뻐하셨을 거예요. 그리고 기쁨과 혼돈을 오가는 하루를 보냈을 거고요. 아내의 임신 소식을 접하면, 남편들은 이렇게 수많은 생각이 들어요.

지금까지 살아온 인생이 주마등처럼 스쳐 지나가고 다음으로는 '태어날 아이를 어떻게 키우냐', '내가 아빠라니 기쁘다… 하하하. 근데 뭐 이렇게 생각이 복잡하지?', '뭐… 그냥, 뭐… 애 낳고, 뭐… 다음엔, 그 다음엔… 어쩌지?' 등의 생각이 들죠.

그리고 몇 주 뒤, 우리는 아기라기보다는 '검정색 땅콩'에 가까운 모습을 보며 좋아하고 또 좋아하는 스스로를 발견하게 됩니다.

선생님 왈 "2cm네요. 정말 귀엽죠?"

의사 선생님의 말씀에 웃고 있었지만, 속으로는 '네? 네? 뭐가요?'라고 생각했습니다. 좋기는 하지만 뭐라고 해야 할지 모르겠더라고요. 그래서 서점으로 달려가 당장 육아 지침서를 샀죠. 정독해 가면서 한 줄 한 줄 머릿속에 집어넣었습니다. 그 다음엔 눈을 감은 채 천천히 책을 덮었죠. 그리고 책은 라면받침이 됐습니다. 너무 어렵거나, 내용이 잘못됐

거나 등의 이유가 아니었습니다. 제가 받아들이기에는 너무 먼 현실 같았기 때문이죠.

그랬던 제가 변하기 시작했습니다. 육아의 첫 단추라고 할 수 있는 임신과 출산. 저에게 가장 뜨거웠던 그 순간을 얘기해 드리고 싶어요. 임신 4개월 차에 들어서던 어느 날, 아내가 자연출산에 대해 들어 봤느냐고 묻더군요.

"어? 자연출산? 자연분만 얘기하는 거야?"

제 물음에 아내는 자연출산이란 의료적 개입 없이 최대한 자연스럽게 아이를 출산하는 방법이라고 하더군요. 저는 그때까지만 해도 아기들이 모두 병원에서 다 똑같은 방법으로 태어난다고 생각하고 있었습니다. 그런데 아내가 집에서 아기를 낳겠다는 것이었습니다. 사실 마음 속 소리는 '아아아악! 안돼!'였습니다. 하지만 겉으로는 "우리 아내는 역시 달라! 좋은 생각이야. 우리 아기는 특별하니까!"라고 했죠.

속으론 정말 의아했지만 아내 이야기를 끝까지 들어 봤어요. 첫째 한성이는 태아 때 엄마와 같은 방향으로 서 있는 '역아'였습니다. 역아일 경우 대부분의 산부인과에서 제왕절개를 추천합니다. 그러나 제 아내는 아기와 엄마가 제일 편안한 방법으로 출산하고 싶어 했고, 저희는 역아와 관련된 경험이 많은 병원을 찾고 있었습니다. 자연출산은 아내가 찾은 답이었습니다. 편안하게 낳고 싶다더니 집에서 낳자고?

'자연출산, 과연 가능한 일일까?'

그때 사실 전 집 천장에 잡아당길 천을 걸어 놓고, 문 밖에는 짚으로 고추를 꽈서 널어 놓는 풍경을 떠올렸습니다. 자연출산을 잘 몰랐던 저는 아내를 말렸죠. 그러자 아내는 관련된 다큐멘터리를 같이 보자고 했습니다. 영상을 보고 나서 저는 혼란에 빠졌습니다. 아프고 힘들 것이라는 예상과는 달리 출산하며 너무나 편안하고 행복해 보이는 아기 엄마들을 보면서 우리가 알고 있던 '너무 많은' 의료적인 개입들이 사실은 불필요했던 것이 아닐까라는 의문을 갖게 됐습니다. 무엇보다 아내가 간절히 원했고, 저 자신도 좀 더 알고 싶은 마음이 있었기에 저희는 자연출산 전문 병원을 방문하게 됐습니다.

저희 부부는 함께 세미나를 들어 보고 출산 방법을 결정하기로 했습니다. 아이가 역아였기 때문에, 아내 역시 그래도 걱정됐던 거죠. 교육장에는 예상 외로 아빠들도 많았습니다. 거의 20쌍 정도의 부부가 있었는데 아빠들 중 반은 저처럼 반신반의하는 표정이었고, 나머지 반은 산모와 둘 다 적극적인 자세였습니다.

교육이 시작되자, 원장님은 자연출산 영상을 보여 줬습니다. 산모가 분만대 대신 자신에게 가장 편안한 공간과 출산 방식을 선택할 수 있고, 조산사와 의사 선생님이 24시간 산모를 위해 대기하고 있었습니다. 출산의 중심은 그야말로 산모와 아기였고, 모든 사람들이 이 둘을 존중하고 도와주는 모습이었습니다.

사실 전 남자로서 영상 자체가 좀 부담스러웠지만. 여전히 의아한 점은 아이를 낳느라 고통스러워 할 줄 알았던 엄마들이 모두 무언가 즐거운 일을 기다리며 설레하는 사람들 같았다는 것입니다. 영상을 한참 보고 있자니 머릿속이 '과연 가능한 일일까?'라는 물음으로 가득 찼습니다. 제가 또 호기심이 많거든요.

영상이 끝나자 원장님은 사람들에게 출산에 대한 이미지를 물어봤습니다. 모두 출산을 '고통'이나 '무서움' 등으로 생각하고 있었습니다. TV에서 본 출산 장면은 거의 다 인상을 있는 대로 쓰고, 소리를 죽어라 지르는 모습이었으니까요. 세미나를 듣다 보니, 우리가 지금까지 당연하게 생각했던 출산 문화가 실은 '안전하고 빠르게'라는 기준에 맞춰져 있을지도 모른다는 생각이 들었습니다.

또, 자연출산은 외국에선 대중적으로 이뤄지는 분만이라고 했습니다.

"건강한 산모는 병원에서 출산할 필요가 없다." *

분만대가 없고, 가족들이 출산의 순간을 함께 한다는 것이 새로웠습니다. 우리나라 대부분의 산부인과에서는 산모가 분만대 위에 누워야 하고 아기는 태어나면 곧 신생아실로 옮겨지는 데 비해, 자연출산을 하면 가족들이 내내 함께 있을 수 있다는 사실도 매력적이었습니다. 무엇보다 엄마와 아기를 중심으로, 출산하기 전부터 여러 가지 교육 프로그램을 통해 먼저 준비한 다음 가장 바람직한 방식을 선택할 수 있도록 존중해 준다는 게 좋

았습니다.

이제야 아내가 왜 자연출산을 원하는지 알 것도 같았습니다. 그리고 깨달았습니다. 제가 알고 있던 '출산'이라는 것은 너무 제한적인 정보였음을요. '내가 아이를 만날 준비가 안 돼 있었구나'란 생각도 들었어요.

그 이후로 아내와 저는 매주 토요일마다 수업을 듣기 시작했습니다. 제가 받은 수업은 임신 관련 서적으로도 있는 '히프노버딩(Hypno-Birthing)'인데요. 특히 출산 시에 실질적으로 필요한 자세들과 이완 방법 등을 많이 배웠어요. 매트 위에서 편한 자세를 취해 보기도 하고, 고통을 줄여 주는 방법, 아내가 진통을 겪을 때 남편이 해 줄 수 있는 마사지 등을 배우기도 했습니다.

아기를 낳을 때 엉뚱한 데 힘을 주게 되면 금세 지치거나 눈에 실핏줄이 터지기도 한다고 합니다. 무섭지 않나요? 힘 주는 법 또한 미리 훈련이 필요하다는 사실을 이때 처음 알게 됐습니다.

개인적으로는 제가 배우인지라, 이완 교육이 참 마음에 들었습니다. 배우들이 자주 하는 명상과 일맥상통하는데, 호흡의 조절을 통해 마음을 내려놓는 것입니다.

엄마는 스스로 잘 할 수 있다는 자기 암시를 통해 마음을 정화하고 아기와 한발 가까이 다가갈 수 있습니다. 이완을 통해 더불어 태교까지 하는 거죠. 좋은 음악과 아로마캔들을 준비해 놓고 아기와 이야기를 나누기도 했습니다. 근데 알아듣기라도 하는 건지, 그때마다 뱃속에서 반응을 하니 참 신기하더군요. 고 녀석 참!

또 진통을 줄이는 마사지를 배워, 실제로 출산 때도 아내의 엉덩이와 허벅지를 계속 마사지해 줬습니다. 당시에는 온갖 구박만 받았지만, 나중에 고맙다는 말을 들으니 어찌나 안심되고 뿌듯했는지 몰라요.

그리고 모유수유와 신생아 케어에 대한 교육도 받아서 출산 이후 아내가 힘들 때, 대신 신생아를 돌보기도 했습니다. 속성으로 교육에 참여하는 동안 어느새 저는 아내보다 더 적극적인 자세로 출산에 임하고 있었습니다.

부모 되기를 준비하면서 우리 아기와 산모를 위해 더 나은 방법을 신중하게 고민하고,

신생아에게
우유 먹이기도 척척!

가장 행복할 수 있는 선택을 스스로 할 수 있었죠.

10개월 동안 가족 모두가 함께한 이 과정을 통해서 제 삶의 가치관에 대해 생각해 보게 됐습니다. 저에게는 너무나 귀중한 시간이었습니다. 많은 것을 배우게 됐죠. 불안한 마음을 추스르고 용기도 많이 얻었기에 이 이야기가 저와 비슷한 분들에게 조금이나마 도움이 됐으면 합니다.

저는 이렇게 아내가 임신했을 때 함께 했던 기억이 강하게 남아 있습니다. 뱃속의 아이를 위해 클래식을 들은 것도 아니고, 수학 문제 한 번 풀어본 적도 없지만 제가 할 수 있는 최선의 태교를 했다고 생각합니다.

출산 훈련(?)이라는 것이 있으면 얼마나 좋을까요. 우리 남편들은 임신해서 배가 나와 본 적도, 아기를 낳아 본 적도 없기 때문에 아내가 얼마나 힘든지 100%는 모릅니다. 바로 옆에 있지만 상상도 가질 않아요. 알고 싶고, 거들고 싶지만 그렇지 못하는 거죠. 그러니 두려움은 점점 커지고, 육아는 더 어려워집니다.

하지만 육아는 알면 알수록 남편들에게 큰 도움이 됩니다. 부모가 아이를 키우는 사람, 돈 버는 사람으로 나뉘어서는 안 됩니다. 아이가 커서 아빠를 그냥 돈 버는 사람으로 생각한다면 얼마나 슬플까요. 배움은 참 신기하게도 저를 움직이게 합니다.

물론 '출산을 잘 하는 것'도 중요하지만, 아내의 임신 기간 동안 같이 무언가를 함께 했다는 자체가 너무 즐겁고 행복한 일이었습니다. 그리고 이후에도 출산과 육아 등에 대해 지속적으로 소통하며 아내와 더욱 돈독해지고 있습니다.

태교는 어려운 것이 아닙니다. 아내와 함께하는 것, 그리고 기쁨이나 두려움 등 모든 감정을 함께 나누는 것. 그것이 바로 뱃속의 아기를 가장 행복하게 만드는 길 아닐까요?

아빠가 주는 TIP

아내와 함께 호흡법을 연습해 보세요

호흡법은 몸을 이완시키기 위한 것입니다. 예를 들면, 화가 날 때 담배를 피우며 마음을 가라앉히는 분들이 있습니다. 이때 담배의 성분보다 담배 피울 때의 호흡행위에 맥박을 진정시키는 효과가 큽니다. 아래는 메리 몽간의 《평화로운 출산, 히프노버딩(샨티)》에서 참고한 내용으로, 이 훈련만 잘한다면 아이를 좀 더 편하게 낳을 수 있다니 임신 때부터 엄마 아빠가 함께 연습해 보세요. 함께 하면 효과가 좀 더 커집니다! 그중 집에서 출산을 앞두고 쉽게 따라할 수 있는 호흡법을 알려드리겠습니다. 호흡법은 크게 3가지로 나뉘는데요.

• 첫 번째 '수면 호흡법'은 쉽게 말해 배 속에 있는 아이와 엄마 아빠가 평상시 느낄 수 있는 호흡입니다. 음악과 아로마캔들로 편안한 분위기를 만들고, 호흡 훈련을 해보세요. 출산 시 같은 분위기를 만들면, 엄마의 몸이 자연스럽게 이완됩니다. 산모나 태아에게 특정 노래나 향으로 편안한 호흡을 기억시키는 거죠.

• 두 번째 '느린 호흡법'은 진통이 시작되고 자궁수축이 본격적으로 시작될 때의 호흡법입니다. 들숨 때 1부터 20까지 세며 천천히 들이키고, 날숨 때도 1부터 20까지 세며 천천히 내뱉습니다. 이 훈련을 매일 자기 전과 아침마다 하면 진통 시간과 전체 출산 시간 모두 줄어듭니다.

• 마지막 세 번째 '출산 호흡법'은 아기가 산도에서 잘 나올 수 있게 도와 주는 호흡법입니다. 이 호흡은 억지로 밀어내기나 힘주기가 아닙니다. 이 호흡을 연습하기 제일 좋은 공간은 바로 화장실입니다. 웃기게 들리겠지만, 대변이 직장을 통해 항문으로 나가는 느낌을 주의 깊게 인식해 보세요. 숨을 짧게 들이마신 후 부드럽게 밀어 내쉬면 됩니다.

자궁수축이 시작된다면, 그냥 그 느낌에 따르면 됩니다. 아기가 뒤쪽에서 빠져 나간다고 생각하면서요! 내장기관 모두가 숨을 내쉬는 것처럼 호흡해서 질의 모든 근육이 열리도록 하는 것이 목표입니다.

♥ 자연출산, 그게 뭐에요?

제가 저렇게 작았다고요?
말도 안 돼!

첫 아이 한성이가 우렁찬 목소리로 울기 시작합니다. 엄마 뱃속에서 열 달 동안 건강히 자라 4박 5일 진통 끝에 세상 밖으로 나오는 순간입니다. 어찌나 감격스러운지 정말 뭐라 표현할 수 없더군요.

아기의 탯줄을 자르고 안아본 순간, 가슴에서 뭔가가 울컥 했습니다. 사실 아기가 나오기 전부터 전 울고 있었지만요. 그 어떤 순간보다 더 감격스러웠습니다.

자연출산의 방식은 여러 가지입니다. 중요한 공통점은 최소한의 의료적인 개입으로 아이를 출산하는 것입니다. 자연스러운 방식이란 즉, 산모와 아이가 준비될 때까지 기다리는 거죠. 이때 아빠의 역할은 옆에서 산모가

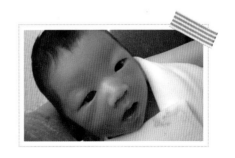

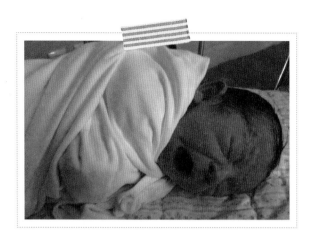

최대한 스트레스를 받지 않고, 즐겁게 축복받은 출산을 하도록 도와주는 것입니다. 혹시 모를 사고에 대비해 의료진은 옆에서 기다리는 경우가 많습니다.

자연출산은 제가 본 방식만 해도 여러 가지가 있습니다. 수중분만, 침대에서 편한 자세로의 분만, 샤워실에서 서서 하는 분만, 화장실에 앉아서 하는 분만, 그네와 비슷한 분만 도구로 중력의 도움을 받는 분만 등…. 여기서 출산의 주체인 산모가 제일 편한 방법을 찾는 것이 중요합니다. 저희는 전문 병원에서 낳기를 택했습니다.

첫째 아이를 출산할 때는 아내가 정말 고생을 많이 했어요. 시간도 시간이었지만 진통이 더디게 와, 출산 당일 의사 선생님이 밖에 나가서 운동을 하라고 하시더군요. 믿기 어려운 분들도 있겠지만 진짜입니다.

2월, 아직 춥고 쌀쌀한 날씨에 아내와 저는 두꺼운 잠바를 챙겨 입고 교대를 30바퀴 넘게 돌았어요. 그리고 병원 계단을 적어도 20번은 오르락내리락 한 것 같아요.

또 아기를 낳으려면 엄마가 힘이 있어야 한다며 밥을 고봉으로 주시더군요. 아내는 밥을 잘 남기지 않는 성격이라 하나도 안 남기고 다 먹어 버렸습니다. 참 잘 먹어요. 못 먹는 것보다는 좋은데 지나치게 잘 먹는 듯? 가끔 아내가 옛날 사람 같다는 생각도 합니다. 하하.

저희 가족은 남편인 제가 출산 동반자 역할을 했습니다. 출산 동반자란 산모 옆에서 산모를 지지하고 도움을 주는 사람으로, 의사나 간호사, 조산사, 둘라(산모가 출산을 잘 할 수 있도록 옆에서 마사지해 주고 위로의 말을 건네는 등의 역할을 하는 전문 조력자), 남편 등 누구나 될 수 있습니다. 아무래도 산모와의 호흡이 잘 맞아야 하니 여건이 될 경우, 아빠가 가장 좋겠죠? 아빠의 가장 큰 장점은 집에서 같이 훈련할 수 있다는 것입니다. 특히 호흡 훈련과 스트레칭은 꾸준히 해 두면 출산 시 큰 도움이 됩니다. 아기를 출산하고 난 다음 회복 또한 빠르다고 하니 꼭 알아 두시면 좋겠죠. 다른 방법으로 출산할 때도 똑같으니 출산 한 달 전부터는 꼭 연습해 보시기를 추천합니다!

출산 직전 지속되는 진통을 호흡으로 가다듬게 하고, 힘들어하는 아내를 부축하며, 좋은 말들로 위로하고, 아내가 저에게 의지할 수 있도록 노력해야 했습니다. 아기를 낳기 위해 아내 혼자 버티는 게 아닌 거죠. 제가 옆에 있으면서 할 수 있는 일들은 많았습니다. 수시로 물을 먹여 주고, 좋아하는 간식도 챙겨 주고, 재미있는 이야기로 분위기도 밝게 만들어 주고, 다시 호흡을 도와주고 마사지해 주고…. 그 끝에 아기를 만날 수 있었습니다.

이제는 병원 생활 더 이상 못 하겠다 싶을 때 아빠의 마음을 알았는지 아이가 신호를 주더군요. 진통을 너무 오래 겪은 탓에 아기가 나온다고 하니 어찌나 반갑던지요.

한성이는 역아여서 태변을 싸며 엉덩이부터 나왔습니다. 그 생생한 모습을 제 눈으로 보고 있자니 정말 이루 말할 수 없을 정도로 감동이었습니다. 품에 아이를 안는 순간 눈에서 눈물이 뚝뚝 떨어졌습니다. 이것이 저희가 원하고 바라던 출산이었습니다.

저는 편안한 출산 분위기를 만들기 위해 아내가 가장 좋아하는 음악을 편집해 준비하고, 아로마캔들 역시 아내가 제일 좋아하는 향으로 찾았습니다. 가장 좋은 조도를 만들기 위해 스탠드를 샀고, 출산 시 힘이 떨어질 수 있으니 당이 높은 과일도 준비했습니다. 여러 가지를 준비하면서 의사와 간호사에게, 그리고 산모에게 모든 것을 맡기는 것보다 저 역시 '출산의 주체'가 됐다는 사실이 가장 기억에 남습니다. 아기가 나오기를 두 손 모아 기다리기만 하는 대신 아내 옆에서 계속해서 몸을 움직인 것입니다. 그러면서 오는 행복은 처음 느껴 본 것이었습니다. 아빠가 되기 위한 준비를 직접 해보세요! 그리고 아기가 태어나는 소중한 시간을 아내, 그리고 아이와 함께 경험해 보세요!

이렇게 우린 새로운 가족이 됐고, 아기는 태어나자마자 신생아실에 가지 않고 엄마 아

첫째 한성이
탄생의 순간

빠 와 함께, 모유를 마시며 하루를 보냈습니다. 저도 함께 아기를 낳은 것 같은 이 느낌은 뭘까요, 하하하.

그리고 첫째 아들이 6개월 영아기를 지날 시점에 둘째가 생깁니다. 어떻게요? 하하. 에이~ 짐승!

둘째도 같은 방식으로 출산했어요. 첫째를 힘들게 낳았던 것이 생각 나(계속 쓰다 보니 제가 낳은 것 같죠?) 걱정했는데 둘째는 3시간 진통 끝에 병원에 도착하자마자 10분 만에 따~악 나왔어요! 정말 기가 막히죠. 고생한 경험이 있어 옷만 3일치 싸왔는데요. 10분만에라니. 차에서 낳을 뻔했죠?

그때도 제가 아기를 받았고요. 또 둘째는 정상적으로 얼굴부터 나와서 그런지, 두 번째 경험인데도 불구하고 새롭고 찡하더라구요. 둘째의 출산은 순식간에 지나갔으나 마찬가지로 저에게 아주 소중한 순간 중 하나입니다.

"출산은 제 생애 정말 잊을 수 없는 일이에요."

아내도 그렇겠지만 저에게도 가슴 뜨겁고 행복한 순간이었습니다. 자연출산을 하면서 느낀 건 바로 교육의 중요성이었습니다. 가끔 정확히 모르는 것도 안다고 착각하는 경우가 있죠. '모르는데, 뭐', '대충하면 될 거야'라고 넘어갈 때도 많고요. 출산도 그렇다고 생각합니다. 특히 남자들은 출산이 엄마의 할 일이라고 생각합니다. 저 또한 그랬으니까요.

물론 제 의지로 시작한 일은 아니지만 출산, 육아 등의 교육을 미리 받으니 정말 좋았습니다. 뭐랄까, 구체적인 계획이 생기니 아기를 만났을 때 두렵지 않더란 말입니다. '아기가 태어나면 이럴 것이다'라고 예상을 하니 덜 힘들기도 하고, 좀 더 현명하게 대처를 할 수 있게 됐죠.

무엇보다 부부 간의 대화가 많아졌습니다. 이 철부지 정상훈이 아이를 생각하며 2~3시간 아내와 함께 차 마시며 수다를 떨 줄 누가 알았겠어요.

첫째 한성이와 함께
둘째 한음이의 탄생을 축하하다!

여러분들께 '자연출산이 최고다', '자연출산을 하라'고 권유하는 것이 아닙니다. 출산은 부부가 많이 이야기해서 가장 좋은 방법을 정해야 합니다. 전문가의 조언도 필요하고요. 다만 이런 출산법도 있다고 제 경험을 소개하는 거죠! 최고의 태교는, 그리고 출산 방법은 '아내와 남편이 함께 정하는 것'입니다.

정말이지 아이가 사람을 만듭니다.

 아빠가 주는 T I P

한 외국 매체에서 남자들에게 진통의 고통을 체험해 보는 실험을 했습니다. 질이 3cm 열리는 정도의 고통을 1단계, 5cm는 2단계, 10cm는 3단계라고 가정하고, 그에 준하는 전기자극을 남자 배에 주는 것이었습니다. 실험 대상자들은 평균 이상으로 건강한 사람들이었으나, 대부분 1단계 고통에서 포기했다고 합니다. 이렇게 아픈데 좋은 추억이 생길까요? 하지만 과정이 아름답다면 문제는 달라질 것이라고 생각합니다.

아내의 행복은 '아이를 잘 낳을 수가 있을까'가 아니라 '잘 키울 수 있을 것인가'에 달려 있습니다. 남편이 임신 내내 믿음을 주지 못한다면 임신한 것을 누가 기뻐할까요? 행복을 만드는 것은 순간의 노력이 아닙니다. 계속 해서 보여 주는 관심입니다.

남편이 할 일은 아름다운 출산이라고 인정하고 믿을 수 있는 분위기를 연출해 주는 것입니다. 그러니 "난 처음이라 몰라. 시키는 것만 해 줘야지" 하는 태도로는 부족합니다. 아빠가 출산의 주체가 돼야 하는 이유입니다! 그럼 자연스레 아내와 토론할 수 있고, 걱정 때문에 사방으로 흩어진 당신의 마음줄도 붙들어 맬 수 있지 않을까요?

♥ 태어나면서부터 소아과 vvvvvip

건강이 제일!

아이가 아프면 엄마 아빠는 정말 미치도록 괴롭습니다. 만약 아이 대신 부모가 아플 수만 있다면 망설이지 않고 그러겠다고 손을 들겠어요. 이건 모든 아빠들이 똑같을 거예요.

첫 아이는 태어난 지 5일 만에 황달로 입원한 경험이 있습니다. 다른 무서운 병과는 당연히 비교할 수 없지만 어찌나 가슴이 아프던지요. 당시 그냥 유아 검진과 함께 비타민을 맞으러 갔는데 뜻밖에도 황달이 너무 심하다는 진단을 받았습니다. 입원해서 치료를 받아야 할 것 같다는 의사 선생님의 이야기를 들었죠. 아빠인 제가 이렇게 속상했는데 아내는 어떤 기분이었을까요? 마치 자신의 잘못인 양 아기를 볼 때마다 눈물이 그렁그렁 맺히더라고요.

의사 선생님은 "아기 몸속에 빌리루빈(bilirubin) 수치가 높아서 몸이 노랗게 변한 겁니다. 아기가 태어나면서 갖고 있던 적혈구가 어른 적혈구로 변할 때 나오는 것이 빌리루빈

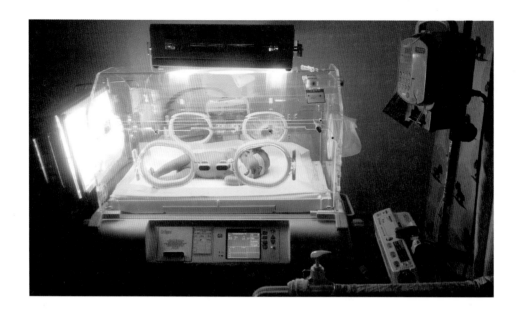

이라는 물질입니다. 원래 빌리루빈은 간에서 해독을 하면 되는데, 신생아의 간은 아직 발달 미숙이라 혈중 빌리루빈수치가 늘면서 아기의 얼굴이 노랗게 변하는 거죠. 이를 잘못 방치해두면 뇌에 심각한 영향을 끼칠 수도 있습니다"라고 하셨죠.

어찌나 충격을 받았던지, 이 어려운 얘기가 아직까지도 기억이 납니다. 의사 선생님에게 이런 이야기를 들었다면 여러분들도 아이를 당장 입원시켰을 것입니다. 그런데 신생아, 그것도 태어난 지 열흘도 넘지 않은 아이니 얼마나 신경 쓰이던지요. 검사를 해야 한다며 그 조그만 몸에서 피를 뽑는데! 아이고…. 아기는 또 아프다고 얼마나 울어 젖히는지, 참.

아기의 몸엔 어느새 링거까지 꽂혔습니다. 제 엄지손가락 정도 밖에 안 되는 여리디 여린 발에 바늘이 꽂혀 있는 것을 보니 제 눈에도 어느새 눈물이 주룩주룩 흘렀습니다. 부모로서 냉정하려고 아무리 애를 써봐도 잘 안 되더군요.

간호사 선생님들에게 저도 모르게 예민하게 대하기도 했죠. 지금 생각하면 정말 죄송합니다. 머리로는 알아서 잘해 주시리라는 사실을 알면서도, 혹시라도 혈관을 못 찾아 발이 퉁퉁 붓지는 않을까 모든 게 걱정됐습니다. 그렇게 아이가 입원해 있던 사흘 동안 뜬눈으로 지새우며 아이의 황달수치가 내려가길 기다렸습니다. 여러 가지 기계에 둘러싸여 있던

그 사흘이 어찌나 긴지….

또 아이가 병원에 입원해 있으니 별의별 아동 환자를 만나게 됐습니다. 다들 어찌나 제 아이 같던지요…. 첫째 아이보다 상황이 좋지 않은 아이들도 있었는데 엄마 아빠의 얼굴이 다들 정말 말이 아니었어요. 옆 병실의 아이는 열이 떨어지지 않고 항생제도 듣지 않는다며 의사들이 좀 더 지켜보자고 했습니다. 그 아이 엄마의 눈에는 이미 눈물이 맺혀져 있었습니다.

저희가 입원한 날은 한 아기가 완치돼 나가는 상황이었습니다. 그때 병실에 있던 모든 부모들이 마치 자기의 일인 양 문 앞까지 나가 배웅을 했습니다.

"아가, 다시는 오지 마~"

짧지만 정말 진심이 담긴 말이었습니다.

하루 꼬박 날을 새니 옆 침실에 있던 엄마가 와서 "황달로 입원한 친구들은 열이면 열, 나흘 뒤 건강하게 퇴원하니 걱정 말라"고 말씀해 주셨습니다. 어찌나 맘이 놓이던지요. 저의 어머니가 예전에 얘기한 것이 있습니다. "다른 것이 효도가 아니다. 아프지 않는 것이 진짜 효도다" 부모가 돼 보니 그 말의 이유를 알겠더군요.

그렇게 사흘 뒤, 우리 첫째는 황달을 이겨 내고 건강하게 퇴원했습니다. 아이를 이불에 꼭 싸서 병원을 빠져 나오는 가벼운 발걸음, 어찌나 기분이 좋던지요. 그때 그날, 그 기분이 정확히 기억납니다.

아이를 키우면 이렇게 잔병부터 큰 병까지 병원갈 일이 참 많습니다. 저희 아들들도 어찌나 잔병이 많은지 거의 소아과 vvvvvip 수준이죠.

특히 첫째가 어린이 집을 다니기 시작한 후로 어린이집에서는 환절기 감기는 꼭 달고 옵니다. 그럼 일단 둘째에게 옮기고, 둘째는 엄마에게 옮기죠. 전 일을 해야 하니 안 걸리겠다고 발버둥 쳐 보지만 소용없더군요. 얼굴에 대고 재채기는 물론이고, 코 판 손을 입에 집어넣질 않나! 안 걸릴 수가 없더군요.

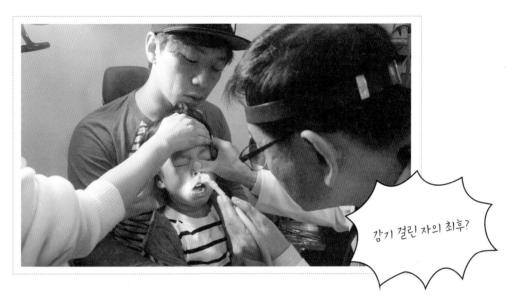

감기 걸린 자의 최후?

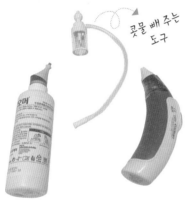

콧물 빼 주는 도구

아기가 감기 걸렸을 때 가장 안 좋은 것은 코가 막혀 잠을 자지 못하는 것입니다. 아이가 흥흥대고 있으면 그렇게 애처로울 수가 없어요. 이럴 때 엄마 아빠는 거의 뜬 눈으로 밤을 지새우게 됩니다. 아이가 졸려도 코가 막혀 잠을 자지 못하니 말이죠. 코를 뺄 수만 있다면 좋겠는데 "아가야, 흥!" 해도 알아듣는 것도 아니니 난감하죠. 콧물 빼는 도구들도 참 많이 샀습니다. 아이가 푹 잘 수만 있다면야!

그래서, 사용 결과 제일 효과적인 방법은?

"좀 귀찮더라도 따뜻한 물로 코를 씻겨 주세요."

따뜻한 물에 코를 가장 위쪽부터 아래쪽까지 쓸어 주듯 마사지하고, 씻겨 주다 보면 많

가끔 자연 그대로의(?)
과일을 먹기도 합니다.

은 양의 콧물이 나오기 시작합니다. 코밑이 헐지 않게 관리해 주는 것도 잊지 마시고요. 그리고 될 수 있으면 코가 막혔을 땐 숨쉬기 편한 쪽으로 눕혀서 재우면 좋습니다. 아이가 조금 더 숙면을 취하거든요. 그리고 기침을 많이 할 때는 배와 레몬과 꿀을 넣고 푹 찐 후에 즙을 내려서 줬더니 기침이 좀 줄어들더군요.

하지만 제일 좋은 것은 당연히 '예방'입니다. 근데 예방법이 따로 있나요? 걸리지 않게 노심초사하면서 살 바엔 빨리 낫는 몸을 만들어 주고 싶습니다. 그러기 위해서 면역력을 강화해야겠죠.

맞아요. 이것도 말이야 쉽죠. 면역력 강화! 그렇다고 아이들에게 매일 보양식을 먹일 수도 없지 않습니까. 저는 아이들의 면역력을 강화시키는 가장 좋은 방법이 '자주 밖으로 나가는 것'이라고 생각합니다. 나갔다 돌아오면 당연히 깨끗이 씻어야겠죠! 저희 가족은 특히 흙이 있는 곳으로 자주 나갑니다. 다행히 우리나라에는 야산이 참 많습니다. 그래서 산이나 시골에 데려가 햇빛, 바람, 흙을 통해 면역력을 높이려고 노력해요.

또 너무 병원을 사랑하는 것 또한 좀 피해야겠죠. 무분별한 항생제 남용은 저항력 향상의 기회를 놓치게 만들 수도 있으니까요. 하지만 이 부분은 개인적으로 민감한 문제라고 생각해요. 아니라는 의견도 많으니, 엄마 아빠가 잘 판단해 주세요.

습도 조절도 중요합니다. 환절기엔 가습기를 사용하는 것도 좋습니다. 습도가 낮으면 감기에 걸릴 확률이 높아지니까요. 사실 매일 가습기 닦기는 귀찮지만, 그래도 우리 아이들이 아프지 않다면 뭔들 못하겠습니까. 하루에 열 번이라도 닦아야죠. 목욕을 할 때는 조금 뜨겁게! 온도 변화가 크면 감기에 걸릴 수 있으니 물론 목욕 후엔 욕실에서 충분히 물기를 제거한 후에 나와야겠죠.

마지막으로 잘 먹고 잘 자는 것만큼 건강한 습관은 없습니다. 규칙적인 생활 습관 역시 아이의 면역력 향상에 확실한 도움이 된다고 봅니다. 항상 잘 먹는, 그러니까 '먹방 찍는' 아기들도 아프면 잘 안 먹으려고 해요. 그럴 땐 특히 탈수현상 때문에 위험하니 물을 많이 마시게 도와주세요.

아이가 겉으로는 아무렇지 않아 보일 때도 속으론 병을 키우고 있을 수도 있습니다. 그러니 아이의 상태를 평소에도 잘 체크해서 현명하게 대처해야겠죠?

아이가 아프면 부모 잘못 같아 미안하고 많이 속상하시죠? 그래도 아프고 나면 조금 더 성장한다고 하잖아요. 우리 아이들이 튼튼하고 건강해지는 그날까지 부모들의 노력은 계속됩니다. 우리가 노력하고 지켜 줘야죠. 우리 엄마 아빠 모두 파이팅입니다!

아빠가 주는 **TIP**

코가 막혀 흥흥대고 있을 때의 대처법 3줄 요약!

• 코의 위쪽부터 아래쪽까지 마사지해 주며, 따뜻한 물로 씻겨 줍니다.

• 코밑이 헐지 않도록 바세린 등으로 관리해 줍니다.

• 코가 막히지 않은, 숨쉬기 편한 쪽으로 눕혀서 재우세요.

♥ 아빠의 꿈은 뭐였어요?

내 꿈은 요~리~사!
근데… **아빠도 꿈이
있었어요?**

　누군가 우리 아이들이 나중에 커서 뭐가 됐으면 좋겠냐고 물어보면 저는 "건강하게만
누군가 아이들이 나중에 커서 뭐가 됐으면 좋겠냐고 물어보면 저는 "건강하게만 자라 주
면 됩니다"라고 대답합니다. 그러나 솔직히 얘기하면 건강한데 공부도 어느 정도 잘했으
면 합니다. 더 솔직하게 이야기하자면 좋은 대학도 가고, 좋은 직업을 가져 돈도 많이 벌
고, 배우자도…. '에이~ 뭐야' 싶으신가요?

　하지만 요즘처럼 남들과 출발점이 다르면 아예 따라잡지도 못하는 각박한 세상을 살다
보니, 이런 생각이 안 들 수 없는 게 부모 마음이죠.

　특히 돌잔치를 하면 부모들의 꿈을 알 수 있죠? 첫째 한음이의 돌잡이가 생각납니다.
전 아이들에게 마음속으로 말했습니다.

"아들아, 마이크를 잡아라!" 🎤

당시는 좀 힘들 때였지만, 그래도 이 직업을 가져서 행복하다고 생각했습니다. 바빠진 지금도 마찬가지고요. 자신이 잘할 수 있는 일을 한다는 것은 행복한 일이잖아요.

모든 직업이 다 그렇겠지만, 사실 제가 하고 있는 배우라는 직업은 체력적으로나 감정적으로 힘들긴 합니다. 매일 밤새워 일하기도 하고, 똑같은 감정을 다시 끌어내야 하기 때문에 하루 종일 맡은 배역으로 살아야 할 때도 있죠. 또한 이 일을 통해 돈을 벌고, 사람들을 얻는다는 것은 정말 행운 중의 행운입니다. 이 직업에는 정년이 없습니다. 그 말은 언제 어느 때 그만 두게 될지 모른다는 뜻입니다. 미래가 어두울지, 찬란하게 빛날지도 알 수 없죠. 어쩔 땐 일이 없이 1년, 2년 흐르는 경우도 있습니다.

그런데 자식들이 왜 이런 직업을 택하면 좋겠냐고요? 돈이 없더라도 웃을 일이 많아서입니다. 물론 돈이 있으면 더 웃겠죠. 그래서 한편으로는 생각했습니다.

"근데… 돈도 꼭 같이 잡으렴!"

돌잡이, 이게 뭐라고! 이런다고 이루어지지 않는다는 걸 알면서도요.

아이들이 조금씩 자라면서 저도 점점 현실적으로 바뀌어 가고 있습니다. 내일을 생각하는 이유가 바로 우리 가족 때문이니까요. 내가 잘 돼서 우리 가족을 부양할 수 있을까? 혹시라도 내가 없을 때를 위해, 준비해야 할 일은 없을까? 극단적인 생각을 안 할 수가 없습니다.

제 친구들 중에는 꿈을 포기한 사람이 많습니다. 대학까지는 똑같은 꿈을 꾸다가 주로 결혼을 하고 또 다른 꿈으로 전향했죠. 어쩔 수 없는 현실 앞에서 한 선택이었습니다.

얼마 전, 아버지에게 어릴 때 꿈이 무엇이었냐고 물었던 적이 있습니다. 아버지는 한 치의 망설임 없이 정치가가 꿈이었다고 했죠. 순간 '우리 아버지도 젊을 때 꿈이 있었구나'하는 생각이 들더군요. 지금까지 전혀 몰랐던 사실이었습니다. 아버지가 그 꿈을 이루었다

면 전 지금 정치 명문가의 한 사람이었을지도? 그렇다면 그 꿈은 언제 사라졌을까요? 아버지도 결혼을 하신 후 가족을 위해 현실을 택하셨더군요.

그래서 혹시 지금 이루고 싶은 꿈이 있냐고 여쭸습니다. 아버지의 대답은 역시 망설임 없었습니다.

"내 자식들이 잘되고, 건강한 것"

화상통화 중이었지만 눈물이 핑 돌았습니다. 아버지는 어쩔 수 없이 선택의 기로에서 고민하다 결국 꿈을 포기하고 가족을 위해 희생하기를 택하셨는데, 지금도 여전히 자식들을 생각하니 말입니다.

우리 아버지도 아름다운 꿈이 있었구나! 하지만 우리를 위해 꿈을 포기하셨구나. 그리고 아직도 우리를 걱정하시는구나. 이게 부모인가? 이러저러한 생각이 들었죠.

전 사춘기 시절, 아버지와 그리 친하지 않았습니다. 그때는 왜 그렇게 아버지가 미웠는지 모르겠습니다. 그 시절을 회상해 보면, 아버지가 많이 외로우셨겠다는 생각이 듭니다. 그때 전 아버지가 집에 오시면 인사만 하고 방으로 쏙 들어가 버렸고, 아버지와 대화하는 방법을 점점 잊었습니다. 그 뒤 나이를 먹으며 아버지와 자연스럽게 친해지긴 했지만, 그

어렸을 적 가족사진입니다.
제가 누군지 맞춰 보세요~

때 저는 아버지를 그냥 돈 벌어 오는 분이라고 생각했던 것 같습니다.

어쩌면 지금의 저는 아버지의 '포기한 꿈'과 어머니의 '현실 타협'으로 이뤄진 이기적인 모습일지도 모릅니다.

짧은 대화였지만 참 많은 생각이 들었습니다. 조금 있으면 저도 가족을 위해 많은 것을 포기할 수도 있겠다 싶기도 했고요. 하지만 부모님처럼 가족을 위해 현실과 타협할지라도, 나 또한 꼭 행복하게 살리라. 그게 부모니까! 이렇게 마음먹었죠. 이게 바로 효도로 되갚을 수 없는 내리사랑일까요?

그러나 전 적어도 우리 아이들에게, 엄마 아빠가 얼마나 힘들게 가족을 부양하는지 보여 줄 필요가 있다고 생각합니다. 엄마 아빠가 다니는 회사에 가서 일해 보는 체험, 가사 노동을 경험해 보는 시간을 통해 부모와 자식이 서로를 이해하고, 대화할 수 있는 무언가를 끊임없이 만들어 주는 것이 진정한 부모의 역할이 아닌가 생각합니다. 모든 문제는 진실의 왜곡과 오해로부터 오니까요.

"서로를 있는 그대로 바라본다면, 그 가족은 얼마나 행복할까요?"

나아가 그 집의 가장은 꿈을 포기할지언정 얼마나 행복하게 일하겠습니까.

저도 한 가정의 아버지가 됐지만, 아직도 갈 길이 멀고 멉니다. 부모가 되는 것도 어렵지만 자식을 키우는 것은 더 어렵습니다. 물질이 넘칠듯 많다고 아이들이 바르게 자라는 것도 아니니까요.

그래서 전 우리 아이들이 정말 잘할 수 있는, 포기할 수 없는 무언가를 현명하게 찾아주고 싶습니다. 그러기 위해서는 자식의 장점을 잘 볼 수 있는 친밀함과 객관적으로 볼 수 있는 냉철함도 있어야겠죠.

그 다음으로는 아이들에게 무엇을 해보고 싶은지 묻고, 그 의견을 존중하고 싶습니다. 솔직히 저희 부모님도 제가 이렇게 될 줄 어찌 아셨겠습니까. 어렴풋이나마 저를 제일 잘 아는 것은 바로 저 자신이었죠. 또 제가 꿈꾸는 모습을 아들에게 강요하지 않을 것입니다.

"부모가 좋으면 자식도 좋을 것이라는 생각은 정말 위험한 발상입니다."

물론 부모라면 염려하는 마음에서 돌다리도 두드려 보고 건너길 바라겠죠. 그러나 그러다 도전정신이 사라질까 두렵습니다. 사람들은 무모함에서 비롯된 실패로 자신을 알아가고, 좌절로 자신을 사랑할 수 있는 자아를 형성합니다. 얼마나 멋질까요? 내 아들이 저기 저 너머의 나무보다 더 반듯한 자아를 갖고 있다면 말입니다.

한 아이를 키우는 데 평균 2억 7,000만 원이 든다는 뉴스를 봤습니다. 언제부터 이렇게 물질적인 잣대로만 세상을 바라보게 됐을까요? 뉴스에서 "아이를 키우는 데 1,000권의 책과 10개국으로의 여행, 100명의 친구와 1만 번의 사랑한다는 말이 필요합니다"라는 보도가 나오는 세상이 오길 간절히 바랍니다.

아빠가 주는 TIP

아버지에게 전화를 걸어, 혹은 직접 찾아뵙고 물어보세요.

"아버지, 어렸을 적 꿈 기억나세요?"
"저를 어떻게 키우고 싶었나요?"
"지금 이루고 싶은 꿈은요?"

Part 2

아빠,
지금 잘하고 있는 거 맞죠?

★

다른 육아서에는 거~의 나오지 않는
정상훈식 육아법

♥ 내 코 파는 버릇은
다 아빠 탓이야!

다 배운
거예요~

　전 다른 아빠들과 크게 다르지 않은 아빠입니다. 열심히 일하고, 술 한 잔(일의 연장입니다!) 얼큰하게 하고 들어온 다음날은 어김없이 웃방처럼 구석진 곳에 숨어 잡니다. 하지만 이렇게 숨어 있어도 아이들은 숨바꼭질하듯 귀신같이 절 찾아서 깨웁니다. 일어날 때까지 깨워요.

　정말 피곤한 날은 아이들이 찾을 수 없는 쥐구멍이라도 찾아 숨고 싶어요. 하지만 의무감으로 하루를 시작합니다. 아내에게 티는 안 내지만 하루 종일 힘들어요. 잠이 다시 쏟아지기도 하고요. 또 놀아 주는 것도 한계가 있잖아요. 그러면 일단 '뽀통령'을 찾아요. 나 좀 도와 달라고! 그렇게 잠깐 TV를 틀어 놓고 자는 쪽잠이 얼마나 달콤한지 몰라요. 흑흑, 또 이렇게 '숲속의 잠자는 아빠'가 됩니다.

　아빠로서 이런 모습을 보이면 안 된다고 생각하면서도 쉽지 않습니다. 아빠가 되면 이

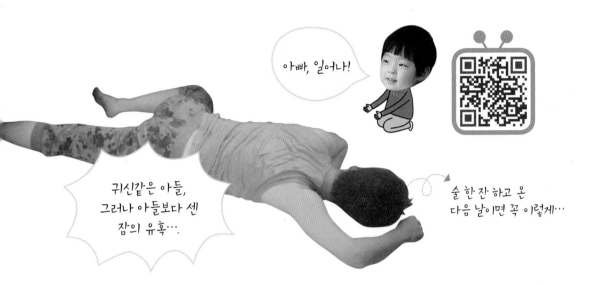

아빠, 일어나!

귀신같은 아들,
그러나 아들보다 센
잠의 유혹…

술 한 잔 하고 온
다음 날이면 꼭 이렇게…

런 모습은 절대 아이에게 보여주지 않으리라 다짐했건만 현실에서는 어렵디 어려운 일이었습니다.

앞에서 소개했던 것처럼, 첫째 한성이는 흥이 아주 많습니다. 춤추는 것도 어찌나 좋아하는지요. 그러던 어느 날, 아이가 어깨춤을 추기 시작했습니다. 시도 때도 없이 으쓱으쓱, 어찌나 귀엽던지! 전 좋다고 계속 시켰죠.

그런데 이 으쓱으쓱 춤을 가만히 보니 춤이라고 하기엔 뭔가 이상하게 느껴졌어요. 어디서 본 듯한 동작이었죠. '뭐지? 저 행동과 동작 분명히 어딘가에서 본 적이 있는데?'라는 생각에 젖어 양치를 하는데 아이가 제 앞에서 또 으쓱으쓱 하고 있더군요.

왠지는 모르지만 계속 하면 안 좋을 것 같다는 생각에, "한성아, 그 춤 추지 마"라고 말했죠. 그리고 거울을 통해 양치하는 제 모습을 본 순간, 할 말을 잃었습니다. 아들의 행동을 제가 똑같이 하고 있었거든요. 평소 어깨가 좋지 않아, 무의식중에 자주 어깨 돌리기를 했나 봅니다. 이렇듯 아이 행동 하나하나가 저와 아내를 따라한 것이었습니다.

코가 남들보다 유난히 큰 저는 남들보다 두 배는 자주 청소(?)를 해야 해서, 코에 손을 자주 가져가곤 하는데요. 헐, 이것마저! 나중에 내 코 파는 습관이 다 아빠 때문이라며 탓하면 어쩌죠?

또 큰 애는 요리사가 꿈이랍니다. 아직 꿈이 확실히 정해진 나이는 아니지만 주방에 관

노래만 나오면
흥이 폭발해요~

심이 아주 많아요. 집에 장난감이 없는 것도 아닌데 주방에서 냄비들을 꺼내 갖고 와서 놀기도 하죠.

사실 제가 집에서는 거의 주방에만 있거든요. 아내가 요리를 못… 아니다, 못 들으신 걸로 하세요. 아무튼 아들은 이런 저를 보고 요리사라고 합니다. 하하. 집에서 찍은 사진들을 보면 대부분 제가 앞치마를 하고 있더군요.

이렇게 작은 행동까지 저와 아내, 할머니, 이모 등으로부터 데이터를 얻어 스펀지처럼 여과 없이 흡수하는 겁니다. 참 신기하죠!

그래서 저는 깨달았습니다.

"아이들 앞에서는 말과 행동도 마음대로 할 수 없겠구나!"

앞치마를 맨 모습이
익숙해 보이죠?

▶ 심지어 돌잔치에서도….

이건 여담인데요. 한성이에게 사탕을 주니 비닐 껍질을 벗기려고 애를 쓰더라고요. 그러다가 저한테 오더니 "이거 조까세요"라고 말하는 게 아닙니까. 깜짝 놀라서 어찌 해야 하나 고민하고 있는데 한성이가 또 다시 "빨리 조까세요"라는 겁니다.

'이걸 어쩐담… 하지 말라고 하면 더 할 텐데. 어디서 이런 못된 말을 배웠나' 하는데 한성이가 "아빠 조까! 조까! 조까!" 외치기 시작했습니다. 더욱더 당황하고 있는데 이 장면을 보고 있던 아내는 대번에 알아듣고 대답하더라고요.

"아, 까달라고?"

그렇습니다. 한성인 지금 말을 배우는 중입니다. '사탕 까 줘'를 잘못 배운 거죠. 아무튼 아들 덕에 욕먹어 오래 살겠습니다!

이렇듯 여러 가지 사건을 겪으며 좋은 아빠가 되기 위해 나부터 바꿔어야겠다는 생각이 들었습니다. 그러나 꼭 완벽한 부모가 될 필요는 없다고 생각합니다. 물론 한석봉의 어머니처럼 될 수 있으면 얼마나 좋겠습니까! 현실적으로 그럴 수는 없으니, 할 수 있는 선에서 최선을 다하는 거죠. 아빠가 행복해야 아이도 행복합니다. 그러나 우린 일단 '좋은 부모'가 돼야겠다는 생각을 하면 자연스레 자기 자신을 자책하게 됩니다. 특히 저처럼 TV를 좋아하는 사람들은요.

"우리 아이가 책을 안 보는 게 내 탓 아닐까?"
"우리 아이는 왜 이렇게 TV를 좋아할까? 또 그러면 안 되는데 왜 자꾸 보여 주게 될까?"
"우리 아이는 왜 하루 종일 스마트폰에 붙어 있을까? 머리 나빠진다는데…"

하지만 TV나 스마트폰을 아예 보지 않도록 하면서 아이를 어떻게 키울 수 있을까요? 우리 아이만 안 한다고 해서 다가 아니잖아요. 그래서 '아이들에게 TV나 스마트폰을 보여 주는 것이 좋은가, 안 좋은가?'라는 질문을 받으면 저는 어느 정도 적절한 선에서는 필요하다고 대답합니다.

다양한 이유가 있겠지만 저 같은 경우는 숙취로 괴로운 아침, 밥할 때, 대본을 봐야 할 때, 아내 없이 두 아이를 태우고 운전할 때 필요하더라고요. 아이가 수족구(입 안, 손, 발 등에 수포성 발진이 나타나는 병입니다) 때문에 많이 아파서 밥을 못 먹을 때도 아이가 가장 좋아하는 동영상을 보여 주면서 밥을 먹였죠.

하루는 아내가 아이들 교육에 필요하다며 유아 전문 학습 프로그램을 신청하더라고요.

▶ TV 홀릭?

처음에는 이렇게 어린 아이들한테 무슨 교육이냐 싶었고, 특히 교육을 위해 동영상을 보여 주는 게 맞나 의문이 생겼습니다. 그러나 지금은 생각이 크게 바뀌었습니다. 밥 먹는 예절이나 양치, 배변 등 생활 습관뿐만 아니라 아이의 개월 수마다 놀아 주는 방법 등 육아에 도움 되는 내용이 많더군요.

▶ 둘째의 꿈도 혹시… 요리사?

이런 영상을 틀어 주면 짧은 시간 동안이라도 엄마 아빠가 밥은 마음 놓고 먹을 수 있어요. 물론 아이들만 좋아하는 것은 아니고, 저도 같이 좋아합니다. 또 '치카치카 송' 덕을 가장 많이 봤습니다. 음식을 먹고 양치하게 하려면 전쟁과도 같았는데 이때 치카치카 송을 틀어 주며, 마치 놀이처럼 접근하니까 아이가 이를 닦기 시작하는 겁니다. 얼마나 놀랐는지 몰라요.

무조건 "전자기기는 쓰면 안 돼!", "나쁜 거야!"라고 말하는 분들도 있습니다. 제가 아는 분은 자녀들이 스마트폰을 아주 붙들고 산다고, 새벽기도 주제가 '이 세상에서 스마트폰이 없어지게 해 주세요'일 정도입니다. 그러나 이렇게 TV 또는 스마트폰을 효과적으로 사용한다면 나쁘지만은 않다고 생각합니다.

그러기 위해서는 아이가 하루에 영상을 보는 횟수나 빈도를 잘 통제해 줘야 합니다. 아이들은 절제를 못 하니까요. 어른인 아빠의 역할은 아예 못 보게 막는 것이 아니라 절제를 도와주는 것이라고 생각합니다.

스마트폰은 2000년쯤 처음 나왔죠. 그 전엔 누가 이런 세상이 오리라고 생각이나 했겠습니까. 이런 편한 세상을 우리는 받아들이기만 했지, 도구들을 어떻게 다뤄야 하는지 배운 적은 없죠. 아이들도 마찬가지입니다.

　이렇게 전 내 아이를 위한 올바른 어른이 되기 위해 예전이라면 상상도 못 했을 고민을 하고 있습니다. 덕분에 제가 가진 나쁜 습관과 고쳐야 할 성격도 알게 되면서 새 사람이 돼 가고 있죠. 아이들을 사람으로 만드는 것이 아니라 아이를 통해 제가 사람이 되고 있네요!

 아빠가 주는 TIP

교육 프로그램을 선택할 때는 어떤 프로그램이 '가장 좋은지'보다는 '아이들에게 가장 맞는지'가 중요합니다. 저희 집은 '아이챌린지'를 이용했는데요, 사실 비슷한 프로그램은 무척이나 많습니다. 아마 대충 보면 각각의 특징이나 장점을 아실 거예요. 여러 가지 프로그램을 조금씩 다 사용해 보면 가장 좋겠지만, 가계부담 때문에 그럴 수 없는 것이 현실이죠.

그럴 때는 유튜브 등을 통해 먼저 교육용 영상을 보여 주면, 아이가 어떤 것에 가장 관심을 가지는지 알 수 있습니다. 우리 아이들은 절 닮아(?) 율동과 음악을 좋아해서 특히 그 부분을 중점적으로 봤습니다.

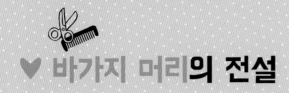

♥ 바가지 머리의 전설

잘 어울려요?
정말?

아이들에게는 몇 가지 본능이 있죠. 뭐든지 일단 입으로 맛을 본다든지 얼굴 근처로 손을 올리면 필사적으로 피한다든지 등. 저희 집 첫째 아들은 머리에 손만 닿으면 질색을 합니다. 어찌나 정색을 하는지… 그래서 제일 힘든 일이 바로 머리 자르기입니다.

아주 어릴 땐 자기에게 뭘 하는지도 몰라 그냥 지나갔지만 어느 정도 크고 나니, 그러니까 15개월 정도 지나 사리분별을 하기 시작하고 나서는 머리에 손만 대면 도망가더란 말입니다. 그런 아이의 머리카락을 자르기란, 참… 벌써부터 그림이 그려지죠?

그냥 엄마와 같이 미용실에 가서 자르면 될 줄 알았는데 미용실에 계신 분들한테 미안할 정도로 우는 바람에 다시는 못 갑니다. 잠정적 출입금지가 되고 말았죠. 흑흑.

그래서 유아 전용 미용실에 가게 됐습니다. 처음에는 그런 곳이 있는 줄도 몰랐습니다. 하하. 아내 따라 가게 됐는데 의자는 뽀로로에, 거울 앞엔 TV가 달려 있고, 눈만 돌리면 장난감이었습니다. 세상에, 이런 곳이!

미용사분들의 머리카락 자르는 속도 또한 보통 빠른 게 아니더군요. 먼저 뒷머리카락을 정리하고, 옆 머리카락까지 신속 정확하게 자릅니다. 머리 자르는 시간이 10분 정도밖에 안 걸렸습니다. '바로 이거다!' 싶었죠. 비용이 좀 비싼 편이긴 해도 오두방정 떠는 아이의 머리카락을 이렇게 예쁘게 잘라만 준다면 '오케이'였습니다.

코코몽이 아닙니다.
한성입니다.

하지만 몇 개월 뒤 아이 전용 미용실을 다시 찾았을 때는 상황이 완전 180도 반대로 바뀌었습니다. 뽀로로 의자도, 타요 동영상도, 헬로코코몽 장난감도, 말랑카우 사탕도! 아무것도 통하지 않았습니다. 머리에 손만 갖다 대도 그냥 자지러지게 울었습니다. 선생님 또한 난감한 상황이었습니다. 어르고 달래기를 30분, 여전히 울음을 그치지 않았습니다. 그래서 꾀를 낸 것이 '아이를 재우고 머리카락을 자르자!'였죠.

먼저 한성이 재우기 성공!

제가 한성이를 안고 조심조심 움직였죠. 그 다음 머리카락을 잡고 가위로 싹둑! 그러나 가위 소리를 듣자마자 한성이는 잠에서 깨 다시 울기 시작했습니다. 허얼! 안 되겠다. 이러다 날 새겠다 싶어서 아내와 함께 한성이의 얼굴을 힘으로 고정시켰습니다. 그 상태로 머리카락을 자르려고 하자 아이는 더 죽을 듯이 우는 것이었습니다.

됐다! 졌다! 저희 부부는 머리카락을 자르다 말고 아이를 안고 도망가듯 미용실을 나왔습니다. 돈은 돈대로 든 데다 우는 아이를 달래기만 1시간. 혹시 아이에게 트라우마가 생긴 건 아닐까란 생각이 들어 정말 속상했습니다. 머리를 다 자른 것도 아니라 빠른 시간

안에 다시 자르긴 해야 하는데, 걱정이 이만저만 아니더군요.

그리고 몇 주 뒤, 충분히 잊었겠다 싶어서 지난번에 갔던 미용실에 가려다 마음을 바꿨습니다. 한 번 간 미용실은 아이가 알 수도 있으니 이번엔 다른 곳으로 가자고요. 다른 엄마들의 블로그도 검색하며, 아이 머리카락을 가장 편안하게 잘 자를 것 같은 곳을 찾았습니다. 거리는 멀지만 어쩌겠습니까. 또 머리 자르기 전, 아이 기분을 최상으로 만들기 위해 노력했죠. 한성이가 좋아하는 사탕이나 과자도 많이 준비했습니다.

찾아간 미용실은 시설이 정말 잘 돼 있더군요. 거의 놀이방 수준이었습니다. 아이들의 웃음소리도 들리고요. 마음속으로 '이번엔 성공이구나'를 외쳤죠. 미용실 선생님 또한 아이 다루는 솜씨가 보통이 아니더군요. 좋았어! 저와 아내는 속으로 나이스를 외치며 눈을 마주쳤죠. 찡긋.

그.러.나.

부푼 기대도 잠시, 한성인 가위 소리를 듣자마자 거의 죽을 지경으로 울기 시작했습니다. 미용실 베테랑 원장님이 나와서 자신의 스킬을 자랑했지만, 그것도 잠시 뿐. 다시 울기를 반복했죠.

어쩔 수 없이 아기를 안고 집으로 귀가했습니다. '이대로 장발로 키워야 하나?' 하고 고민하다가 포기했죠. 뭐 나쁘지 않고만~ 기르는 데까지 기르다 잘라 주면 되지, 뭐. 그래, 그때 되면 자기도 어쩔 수 없이 잘라 달라고 할 거야. 그렇게 마무리하고 살았죠. 근데 머리카락은 제 마음을 아는지 모르는지 점점 더 빨리 자라는 듯 했습니다. 우리 아이가 워낙 숱이 많아요. 절 닮아서 그런가 봐요. 하하.

그러던 어느 날 아들이 눈을 자꾸 비비기 시작하더라고요. 머리카락이 자라 눈을 자꾸 찌르는 것이었습니다. 한참을 고민 끝에 아내에게 제가 잘라 보겠다고 했습니다. 머리를 잘라 본 적은 단 한 번도 없었지만, 어머니께서 옛날에 미용실을 하셨거든요.

"나의 어딘가에 분명 이발사의 피가 숨어 있을 것이다!"

사실 일명 '근거 없는 자신감'이었습니다. 먼저 인터넷을 뒤져서 아이 머리카락 자르는 법을 읽고 또 읽었습니다. 어쩌다 미용실에 들르는 날이면 미용사 분들의 손놀림도 유심히 살펴봤고요.

그렇게 일주일.

"자, 이제 도전해 보자!"며 자신만만하게 시작했지만, 속으로는 만약 머리카락을 잘못 자르면 아내와 장모님, 그리고 우리 어머니에게까지 욕먹겠지라는 생각도 했습니다. 그러나 아내의 반대를 무릅쓰고 강행했죠.

먼저 언제 자를 것인가가 문제였습니다. 솔직히 그 유명한 유아 전용 미용실에서도 실패했는데 내가 성공할 수 있을까 싶었죠. 그래서 전 아기가 제일 좋아하고 편안해 하는 곳, 그리고 다른 것에 가장 정신을 팔리는 곳이 어디일까 생각해 봤습니다. 그리고 바로 그 장소가 목욕할 때, 화장실이라는 사실을 깨달았습니다.

이젠 어떻게 머리카락을 자르냐의 문제! 최대한 가위 소리를 못 듣도록 아들이 좋아하는 동요를 욕실에 크게 틀고, 그것도 모자라 샤워기 물도 세게 틀었습니다. 주변에는 아들이 좋아하는 장난감을 뿌렸죠. 제발 이 작전이 통해야 되는데… 조심조심 뒷 머리카락을 쥐고 가위로 조심스럽게 싹둑!

어랏, 조용하다? 이때다 싶어 뒷머리 정리!

아이가 눈치 챌 것 같으면 재빠르게 가위를 숨기고, 노래를 크게 틀며 모른 척 했죠.

자 이제는 옆머리! 혹시 몰라 엄마가 앞에서 스마트폰을 이용해 코코몽을 틀어 보여 줬습니다. 아이가 정신이 팔렸다 싶음 싹둑! 싹둑!

허허허. 정말 제 마음이 다 시원하더군요.

마지막으로 제일 중요한 앞머리! 가위를 갖다 대고 조금 싹둑!

성공인가? 이제 삼분의 일, 조금만 더 자르면

이발에 성공하지 못하면 영원히 이렇게…?

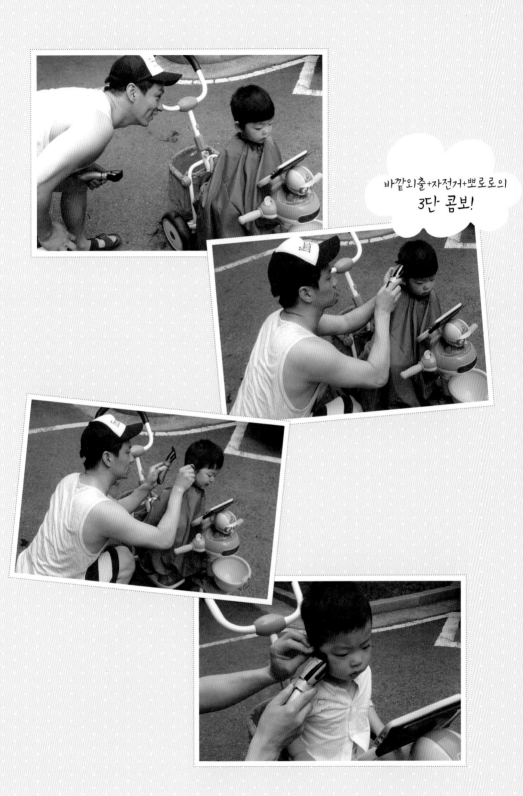

바깥외출+자전거+뽀로로의
3단 콤보!

된다!

하지만. 이내 아들은 눈치를 채고, 가위를 보며 울먹거리기 시작했습니다. 어쩔 수 없다. 여기서 멈추면 이 기회가 언제 올지 모른다! 아마 10년쯤 뒤에? 결단을 내려야 한다!

"여보, 잡아! 30초만 줘! 그럼 당신 맘에 드는 머리로 만들어 주지!"

그렇게 승부수를 띄우고, 우는 아이의 소리를 무시한 채 싹둑! 마지막으로 어차피 울고 있으니 머리에 물을 뿌리고는 정리! 그리고 우는 아기를 달래 주고, 엄마는 옆에서 머리를 수건으로 몸을 닦아 줬습니다.

음…. 과연 어떨지 상상이 가세요? 바가지 머리 같지만, 생각보다 괜찮았습니다! 역시 저에겐 이발사의 피가 돌고 있었습니다!

이후 전 여러 지인들에게 칭찬까지 받으며 아들 이발 인생을 시작했습니다. 심지어 다른 아이들의 머리카락도 잘라 줬습니다. 그 다음으로 자를 때는 자전거를 태워서 밖에 나가 놀게 하다가 뽀로로에 잠깐 정신이 나간 사이 싹둑싹둑 했습니다.

자르다 보니 노하우도 생기기에, 아예 가위도 좋은 것으로 샀습니다. 사실 다른 이발 도구들까지 아내 몰래 구입했죠. 여름이 되면 머리숱이 많은 한성이 머리카락을 짧게 잘라 줄 필요가 있을 것 같아서요. 일명 '바리깡'이라고 아시죠? 그 기계에 얼굴에 붙은 머리카락을 털어 주는 스펀지, 이발보까지 풀세트로요.
하하하, 좋다!

바리깡은 빠른 속도로 머리를 짧게 자를 수 있다는 장점이 있지만 잘못하면 돌이킬 수 없는 땜통을 만들 수 있기 때문에, 사용하시기 전 잘 생각하셔야 합니다!

사실 소싯적 저희 집엔 강아지 세 마리가 있었는데, 세 마리 모두 제가 바리깡으로 여름을 나게 해 줬던 기억이 납니다. 물론 아들과 비교하면 안

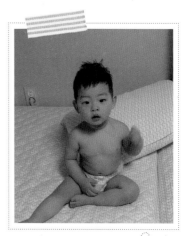

바리깡 이발 후

귀엽지 않나요?
저는 대만족했지만
아내는 이게 뭐냐고
한 소리, 아니
두 소리…

되지만요. 뭐 나름 경력자라는 거죠. 그래서… 시도했습니다!

왼쪽 구레나룻 부분에 살짝 땜통이 생겼지만 뭐, 나름 수준급이라고 자부합니다. 하지만 그 이전, 바리깡과 아이가 친해지도록 만들기 위한 3~4일의 노력이 있었습니다. 먼저 바리깡은 무서운 것이 아니라는 사실을 알려 주기 위해 장난감처럼 갖고 놀게 하고, 바리깡 특유의 모터 소리를 계속 들려 줬죠. 그래서 이뤄낸 성과입니다. 휴!

이후, 그러니까 둘째 앞머리를 시원하게 자른 뒤 아내에게 한 소리 듣고 저의 이발 도구들은 창고 속으로 들어가 버렸지만, 그래도 아빠가 직접 머리카락을 잘라 줬다는 저만의 '일방적인' 추억은 제 맘속에 오래갈 듯합니다. 하하하.

어릴 때 어머니는 제 머리카락을 직접 잘라 주셨습니다. 그때는 그런 집이 많았습니다. 아버지 자르고, 형 자르고, 저 자르고, 마지막으로 강아지 자르고. 그 후에 다 같이 마당에 있는 수돗가에서 반바지만 입은 채 기다란 호스로 물장난 하곤 했죠. 그때, 어머니도 저처럼 자신만의 행복한 추억(?)을 만드셨을 겁니다. 감사합니다. 어머니 사랑합니다.

 아빠가 주는 TIP

- 아이들이 가장 좋아하는 장소, 편안하게 생각하는 환경을 떠올려 보세요. 그곳이 바로 미용실입니다.
- 잘린 머리카락이 눈이나 몸에 닿아 따가울 수 있으니, 머리를 자른 후 가능한 한 빨리 목욕시켜 주는 게 좋습니다!

♥ 냠냠 이유식

아무리 어려도
맛이라는 건
안다고요~

　아기도 '맛'이라는 것을 알까요? 네. 놀랍게도 태아일 때부터 맛을 느낀다고 합니다. 엄마 뱃속에서 직접 음식을 먹는 건 아니지만요.

　그렇다면 아기도 분명 맛있는 것과 맛없는 것을 구별하겠죠? 하물며 어른들도 맛있는 음식을 입에 넣고자 멀고 먼 곳까지 찾아가 '먹방'을 찍는데 말도 못하는 우리 아이들은 맛없는 것을 먹으면 얼마나 답답할까요?

　그래서 이번에는 아빠표 맛있는 이유식을 소개해 볼까 합니다. 이전에도 이유식을 만들기 위해 여러 시도를 해 봤지만 일단 너무 힘들었어요. 매일 만들기엔 재료비가 만만치 않고, 일단 만들어 놓아도 아이가 먹질 않는 경우가 많았죠. 주변에서 재료비를 생각하면 사서 먹이는 게 오히려 깔끔하고, 영양가도 높다고 얘기해 주시더라고요. 그래도 첫째 때는 아내가 이유식을 만들어서 먹였는데, 둘째 이유식 중기 정도 때는 지인에게 소개 받아

인터넷으로 주문해서 먹여 봤어요. 결과는? 잘 먹어요!

그런데 주문한 이유식을 보다 보니 '엇? 이거 내가 할 수 있겠는데?'란 생각이 들더라고요. 이번에도 아내의 반대를 무릅쓰고(!) 제가 만들어 봤어요. 인터넷을 검색했더니 쌀, 고기, 야채 모두 일일이 그램 수대로 계량을 해서 정성스레 만든 엄마표 이유식도 많더라고요. 역시 엄마는 대단합니다. 엄지 척!

제가 오랫동안 만들어 본 건 아니지만. 그래도 제 경험상 이 방법이 쉬운데다가, 아기 어른 할 것 없이 잘 먹어서 자신 있게 소개합니다! 하지만 이건 어디까지나 시간이 별로 없는 엄마 아빠들을 위한 보잘것없는 레시피에요.

무엇보다 이유식 한 끼 한 끼를 일일이 만드는 것은 너무 힘들죠. 재료비도 만만치 않고요. 하지만 제가 방법대로 만들어 놓으면 일주일에서 열흘 정도는 충분히 먹일 수 있습니다. 제가 만드는 이유식은 일단 몸에만 익으면 쉽고 빠르게 만들 수 있다는 게 가장 큰 장점입니다. 맛도 있고요.

죽 만드는 기계를 선물 받아서 이용해 봤지만, 개인적으로는 별로였어요. 시간도 오래 걸리고, 계량을 조금만 잘못하면 죽이 잘 만들어지지도 않고요. 그 결과 이 기계는 창고 어딘가로… 물론 어른들 먹을 죽은 만들기 좋더라고요! 일장일단이 있는 것 같습니다.

정상훈표 이유식 레시피

일단 육수를 만들기 위해 다시마 큰 것 2장과 양파, 무, 표고버섯을 넣고 40분 정도 약불에서 우려냅니다. 육수는 넉넉히 준비해 주세요. 남으면 된장찌개 같은 다른 찌개용으로 쓰면 되니까요.

그리고 육수를 끓이는 사이 밥을 짓습니다. 밥은 질게 만드는 게 좋아요.

다음으로 몸에 좋은 야채 8가지 정도를 골라 잘게 다집니다. 요즘은 야채 분쇄기를 쉽게 구할 수 있는데, 그런 기계를 이용하면 1시간 이상 작업 시간을 줄일 수 있습니다. 제가 자주 사용하는 야채는 당근 반 쪽, 양배추 반 통, 브로콜리 반 쪽, 고구마 1개, 애호박 반 개, 시금치, 감자, 버섯 등입니다.

이 야채들을 다져서 그릇에 담아둔 후, 고기를 준비합니다. 정육점에서 한우를 미리 갈아 와도, 불고기거리로 사용하는 얇은 고기를 집에서 직접 갈아도 좋습니다. 소고기를 대신해 닭가슴살, 해물인 새우 등을 넣기도 한답니다.

그렇게 준비해 둔 재료를 '딱' 펼쳐두면? 모든 준비가 끝나요. 이제 본격적으로 만들어 봅시다! 제 경우엔 국자와 수저를 사용해서 계량합니다. 냄비에 육수 8국자, 고기 2수저, 궁합이 잘 맞는 야채 2~3가지를 넣고 끓입니다. 그리고 바로 밥을 2국자 넣고 저어 줍니다.

자, 이제 여기서 중요한 건 이유식에 들어가는 재료인 쌀, 야채, 고기를 아기들의 이유식 단계에 맞춰서 크기를 조절하는 것입니다. 저의 아들들은 중기부터 쌀 반 알 정도 크기로 씹는 연습을 시작했습니다. 아까 완성된 이유식을 글라인더로 갈아 주는데요. 여기서 제 표현대로 얘기해 드리자면 다음과 같습니다(아이의 발육 상태에 따라 시기는 달라집니다).

**"많이 갈면 초기(생후 5개월) 이유식, 적당히 갈면 중기(생후 6~8개월) 이유식,
마지막으로 갈다 말면 말기(생후 9~12개월) 이유식!"**

이렇게 글라인더로 갈아주고, 조금만 저어 주면 완성입니다. 생각보다 쉽… 지 않나요?

저 같은 경우엔 여기에 조선간장으로 아주 살짝 간을 하고, 참기름을 한 방울 넣어 줍니다. 이렇게 하면 아이가 더 잘 먹더라고요. 만든 보람 있게 말이죠.

이렇게 만들면 보통 500cc 정도가 나옵니다. 아래 사진의 작은 유리병이 보기엔 작아보여도 250cc 정도니까, 병에 담으면 2병 하고 조금 남습니다. 플라스틱 병도 사용해 봤는데, 유리병에 뜨거울 때 부어 마개를 닫으면 진공 상태로 압축되기 때문에 냉장보관 시 플라스틱 용기보다는 오래 간다는 이야기를 들은 후로는 계속 유리병을 씁니다.

이렇게 다져 놓은 야채만 바꿔 가며 이유식 10병 정도 만드는 데 드는 시간은 육수까지 포함, 약 2시간 정도입니다. 이 정도면 엄청 빠른 겁니다! 덜덜. 물론 주방은 난장판도 이런 난장판이 따로 없지만요.

요즘은 둘째가 이유식이 끝나고 큰 아이와 같이 밥을 먹기 시작했습니다. 아내는 아이가 밥을 먹기 시작하면 더 힘들어진다고 하더군요. 맞아요. 이유식은 부모 맘대로 여러 가지 골고루 섞어 먹이면 되지만, 밥을 먹기 시작하면 맛있고, 영양가도 높은 반찬이 필요하잖아요! 아… 쉬운 게 없죠, 정말?

많이 부족하지만 우리 아이가 맛있게만 먹어 주면 그만큼 기쁘고 행복한 일이 없습니

다. 안 먹어도 배가 부르다는 말이 뭔지 정말 알 것 같아요.

　아내의 일손을 도와 가끔씩 해 주는 정도였지만, 귀찮다고 생각하면 한없이 귀찮아지고, 또 내가 공들인 만큼 우리 아이가 건강해진다고 생각을 바꾸면 더없이 즐거운 것이 이유식 만들기입니다. 아이는 엄마 아빠의 정성과 사랑을 먹고, 더욱 건강하고 밝게 자랄 것입니다.

아빠가 주는 TIP

이유식이란?

모유(분유)를 먹던 아기들이 어른들이 먹는 고형식에 익숙해지도록, 반고형 상태로 만들어 주는 밥입니다.

- 초기 이유식은 모유(분유)와 함께 먹는 보조식이라고 생각하면 됩니다.
- 중기 이유식은 아기가 음식의 맛과 질감을 느끼고 배우는 시기로, 혀로 으깨 먹을 수 있을 정도가 좋습니다.
- 후기 이유식은 어른이 먹는 식사로 넘어가는 과도기입니다. 잇몸으로 씹을 수 있는 정도가 좋아요.

♥ 세상에서 제일 맛있는
아빠표 볶음밥

맛있어서
더 좋아요~

하루에도 몇 번씩 "얘들아, 맘마 먹자"라고 외치며 '맘마 전쟁'을 펼치는 우리 엄마들 정말 대단해요! 엄마들은 '우리 아이들에게 무엇을 먹이면 좋을까' 매일 고민하며 부엌에서 몇 시간 동안 레시피를 살피고 요리를 준비하는데, 아이들은 그 정성을 알까요?

안 먹겠다고 고개를 돌리는가 하면 먹다가 뱉어 내기도 하죠. 그럴 땐 사정사정해서 "한 번만 먹어봐, 이거 맛있는 거야"라고 꼬시기도(?) 하고, 결국 쫓아다니기까지 합니다.

그럼 아들은 숨바꼭질하는 줄 알고 도망가고, 음식은 점점 식어갑니다. 결국 나머지는 아빠인 제 뱃속으로 들어가는데, 양이 어찌나 많던지 제 뱃살도 가을 말처럼 하루가 다르게 찌더군요.

엄마들은 매일 고민하죠. 뭘 먹일까 미리 식단도 짜 보고요. 하지만 결국 아이가 좋아하는 건 따로 있나 봅니다. 저희 집도 식단이 아이들 위주로 바뀐 지 3년 정도 됐습니다.

냠냠

된장찌개엔 무조건 칼칼한 청양고추를 송송 넣어야 제맛이라고 생각했는데, 지난 3년 동안은 청양고추를 넣고 끓인 된장찌개를 먹어본 것이 손에 꼽습니다. 아이가 먹을 수 있는 저염 식단에 신선한 야채 위주로 먹다 보니 지금은 정말 건강하게, '맛없게' 살고 있어요. 하하하. 가끔 금청양(?) 현상이 일어납니다. 매운 음식만 보면 먹고 싶어 침부터 흘리죠.

궁여지책으로 아이들 찌개와는 별개로, 엄마 아빠 찌개 그릇에만 청양고추를 다져 넣어 먹곤 합니다. 고춧가루도 몇 번 넣어 봤는데, 고춧가루는 끓이지 않으면 특유의 향이 나서 전 별로더라고요. 청양고추를 곱게 다져서 냉동실에 얼려 두면, 오래 먹을 수도 있고요. 가끔 매운 게 땡길 땐 이렇게라도(?) 먹고 살아야 합니다.

위에서도 이야기했지만 아이들 반찬이 정말 고민됩니다. 여러 가지를 만들어 봤지만 먹어야지 말이죠. 첫 애는 밥을 먹기 시작할 무렵, 반찬류는 잘 먹지 않으려 하더라고요. 식감이 안 좋은지 자꾸 씹다 뱉어 내는데, 심지어 장조림을 아주 부드럽게 해 줘도 먹지 않았어요.

둘째도 이제 이유식을 끝내고 밥을 먹는데요. 아직까지는 야채든 뭐든 잘 먹어요. 언제 바뀔지는 모르겠지만요. 덜덜덜.

어쨌든 첫째는 이렇게 얼마 전까지만 해도 그냥 쉽게 넘길 수 있는 종류의 음식만 먹었어요. 이게 편식 아닐까요. 무척 속상하죠. 다행히 생선은 좋아해서 자주 구워 주곤 합니

밥그릇 채 식사 중인
한음이와
생선 킬러 한성이!

다. 덕분에 집에서 비린내가 나지 않는 날이 없습니다. 거의 수산물 시장 수준이에요. 그리고 된장찌개를 어찌나 좋아 하는지, 거의 매일 끓여 주고 있습니다. 그러나 우리 부모들 욕심으로는 더 많은 영양소를 먹이고 싶잖아요. 하지만 아내는 이렇게 말하곤 합니다.

"아이가 좋아하는 것을 많이 먹이자."

여러 가지 골고루 먹어 주면 좋겠지만 억지로 먹여서 아기와 부모 모두 스트레스를 받는 것보다는 즐겁게 먹는 게 중요하다고요. 마음 약한(?) 저는 아이와 건강이 걱정되기도 하지만, 아내 말도 맞는 것 같아요. 다행히 첫째는 요새 들어 예전에 먹지 않았던 음식들도 조금씩 먹고, 커 갈 때라 그런지 밥도 두 그릇씩 먹어요. 하하. 역시 엄마 말이 진리인가요!

아이에게 많은 영양소를 맛있게, 그러면서도 질리지 않게 먹일 수 있는 음식이 바로 볶음밥 아닐까 싶어요. 아들은 매일 볶음밥, 볶음밥 노래를 불러요. 크크. 그래서 저는 볶음밥을 아주 자주 하는 편입니다. 뭐 저도 좋아하고요! 사실 볶음밥, 은근 손이 많이 가잖아요. 야채도 다져야 하고, 고기나 해산물도 손질해야 하고…. 손이 많이 가서 못 해 준 적도 많은데, 요즘 나온 야채 분쇄기를 이용하니 시간이 엄청 줄어들어 좋더라고요.

그래서, 저만의 간단한 '7분 볶음밥' 레시피를 소개합니다!

먼저 일반 기름(포도씨유 또는 해바라기씨유)을 두르고, 계란을 스크램블 형태로 만들어 줍니다.

다음으로 새우 또는 다진 고기를 넣고 볶다가 마지막으로 야채를 넣어 주세요. 이때 양파는 넣지 않습니다. 물이 너무 생겨 밥이 떡질 수도 있기 때문이죠! 양파는 따로 볶아 넣어 줘요. 그럼 양파도 달달해서 잘 먹더라고요.

다음으로 밥을 넣고 들기름이나 참기름을 뿌려 주세요. 이 두 기름은 맛없는 것도 고소하게 만드는 재주가 있죠. 하지만 너무 많이 넣으면 느끼해요. 또 김자반이 있으면 약간 넣어 줍니다.

마지막으로 맛간장으로 간을 합니다.

전 여기서 저희 부부가 먹을 것만 빼서 조금 바꾸는데요. 페페론치노(이탈리아 고추)와 땅콩을 절구에 빻아서 넣고, 올리브유를 듬뿍! 끝으로 레몬식초까지 뿌려 먹으면 정말 맛있어요. 아, 당장 만들어 먹고 싶네요.

그 외에도 아이가 면 요리를 좋아한다면 스파게티 면을 이용해 봅시다. 먼저 집에 있는 야채와 해물을 손질한 뒤, 면을 삶아 줍니다. 기름을 둘러 후라이팬을 데운 뒤, 잘게 다진 해물과 야채를 넣고, 다음으로 삶은 면을 투하! 다시 기름을 두른 다음 이번엔 숙주

와 굴소스를 넣고 살짝 볶아 줍니다. 이 볶음
면도 아이들이 정말 좋아해요! 그리고 어른이
먹을 땐 청양고추를 송송송!

"찌개든 볶음밥이든 살짝 비트는
'꼼수'가 나의 살 길이다!"

▶ 가끔 직접 장도 봅니다~

이렇게 외치고 싶네요. 하하하.

아이를 낳기 전에는 '대충 먹여서 키우지, 뭐', '지가 먹고 싶음 먹겠지', '배고프면 먹겠지' 했었는데요. 지금은 아이들을 키우는 게 내 마음대로만 할 수는 없는 일이라는 사실을 느끼고 있어요. 우리 아이가 건강하길, 그리고 몸에 좋은 것을 먹게 해주고 싶은 것이 부모 마음 아닐까요?

예전에 가난한 어머니가 몰래 자기 머리카락을 팔아 자식에게 밥을 먹이곤 했다는 소설 같은 얘길 들은 적이 있는데요. 막상 제게 그런 일이 벌어진다면? 아마 지금 이 글을 읽고 있는 부모님들과 같은 선택을 할 겁니다. 이런 마음을 우리 아이들이 알아줄까요?

아니요, 알아주지 않아도 되죠. 우린 부모님들로부터 받은 사랑을 우리 아이들에게 돌려 줘야 하는 부모니까요!

아빠가 주는 TIP

• 볶음밥에 게맛살 등을 찢어서 넣어 주면 식감도, 맛도 업그레이드됩니다! 저희 집 첫째가 특히 좋아해요.

• 기호에 따라 들기름 대신 굴소스, 케찹 등을 넣어도 또 다른 맛의 볶음밥이 됩니다. 동글동글 말아서 김에 싸면 주먹밥이 되겠죠?

♥ 먹고 싸고 자고, 포대기와 귀저기

아빠 미안.
근데 아빠 등이
제일 좋은 걸
어떡해요~

첫 아들이 100일 전 배앓이를 자주 해서, 밤마다 잠에서 깨 안아 줬던 기억이 납니다. 그때 제가 생각할 수 있는 온갖 방법으로 안아 줬어요. 자세를 이리도 바꿔 보고, 저리도 바꿔 보면서 안아 주는데 야속하게도 그냥 울어 버리는 아들!

잠깐 울음을 멈췄다가도 또 울어 버립니다. 시간을 보면 새벽 3시. 한계점에 도달할 때쯤이 돼서야 아기는 축 늘어지죠. 그럼 조심조심 아기를 내려놓습니다.

얼마나 공들여 재웠는데, 제발 깨지 말기를…. 제발, 제발, 제발! 기도하면서 아기를 이불에 눕히죠. 이렇게 간절할 수 있을까요? 그 기도를 하나님이 들었는지 아기는 '딥슬립' 상태로 들어갑니다.

휴! 허리가 아파 침대에 몸을 누이면, 아내가 고마워하며 말합니다.

"고생했어… "

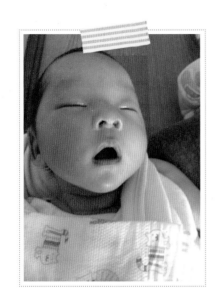

"아니야, 아니야! 당연히 할 일이지 뭐!"

너스레를 떨며 침대에 몸을 파고들 때쯤…. 말 안 해도 아시겠죠?

"으으으으으앙~"

아기 울음소리가 울려 옵니다. 이럴 수가!

그렇게 다시 안아 주기를 몇 번, 전 그냥 아기를 안은 채 소파에서 잠이 듭니다. 어느덧 아침, 아내가 깨워 일어날 때엔 정말 두들겨 맞은 듯 온몸에서 소리가 납니다. 그러면 잠깐 방에 들어가 쪽잠을 자고는 일하러 갔었죠.

첫째가 태어났을 때는 제가 아내의 몸조리를 도왔습니다. 그리고 둘째 때는 꼭 조리원에 보내겠다고 다짐했죠. 하하. 다른 아빠들도 다들 아이가 신생아일 때를 기억하겠죠?

보챔도 줄고, 밤중에도 잘 자게 되는 생후 100일 전후의 전환기를 '100일의 기적'이라고 부릅니다. 저 역시 100일의 기적을 기다렸지만, 사실은 그 사이 아이가 아닌 제 몸과 마음이 변하지 않았나 싶습니다. 즉, 아빠가 되기 위한 단련 기간이 이 100일이 아닐까 싶어요. 쑥과 마늘만 먹는 것도 아닌데 어찌나 단련이 되던지요. 하하.

그렇다면 아기 잘 안는 법이 따로 있을까요? 가끔 아이가 엄마 품에서만 잠드는 것을 보면서, 아빠와 엄마가 신체적으로 달라서 그런 것은 아닌가 생각했습니다. 그런데 아기를 잘 안는 방법이 실제로 있는 듯합니다.

"신생아를 안을 땐 목을 꼭 받쳐야 하고, 너무 흔들어선 안 됩니다."

다들 아시죠? 아니면 뇌에 무리가 있을 수 있다는 연구 결과가 있으니까요. 목을 가누기 전까진 목을 꼭 잡아줄 필요가 있습니다.

아기도 아기지만 엄마 아빠도 중요하죠. 아기를 안다가 허리를 다치는 분들이 정말 많

예전에는 힙시트도
자주 사용했어요~

습니다. 특히 아기를 온전히 허리의 힘으로만 들어 올리다 다치시는 분들 많아요. 다리부터 힘 줘 일어나는 습관이 허리 보호에 도움이 됩니다.

요즘은 영유아를 안을 때 도움이 되는 상품들이 상당히 많습니다. 저희가 처음에 선택했던 것은 힙시트! 그러나 아이를 앞으로 매니 일하기가 너무 불편하고, 또 저 같은 경우엔 힙시트로 오래 안으면 허리가 너무 아프더라고요. 아내도 첫째 출산 후 허리가 약해진 데다가 아이들이 연년생이라 하나는 앞으로, 하나는 뒤로 안아야 했습니다.

그러던 어느 날 부모님 집에 놀러 갔는데 포대기 맨 어머니 등에서 아이들이 어찌나 잠을 잘 자던지요. 힙시트보

다 가격까지 싼 포대기가 어째 더 편해 보이더라고요? 몰랐는데 종류도 여러 가지 있고요. 여름용부터 한겨울용까지! 그래서 구입을 해봤죠. 그렇게 포대기 인생이 시작됐습니다.

처음엔 도대체 이걸 어떻게 매야 하나 싶어서 인형을 갖고 이리 업어 보고, 저리 업어 보고 하며 인터넷에서 동영상을 찾아서 계속 연습했어요. 이렇게 몇 번 연습해 보니 전 힙시트보다 훨씬 편하더라고요.

압박을 하니 아이가 잘 자는 것 같기도 하고, 적어도 제 입장에서 일하고, 밥 먹고, 집안일하기 좀 더 편한 건 사실입니다. 옛날 분들이 아기를 업고 어떻게 논일이나 밭일을 다 하신지 조금은 알 것 같아요.

하지만 처음엔 포대기가 익숙지 않아서 아기에 딱 맞게 업기가 좀 힘들더라고요. 그래

서 포대기로 업은 채 집안일을 하다가 아기 머리를 문에 '꽝!' 하고 찍은 적이 있죠…. 그러니 포대기를 처음 쓰시는 분들은 침대나 소파 위에서 연습을 아주 많이 하시는 것이 좋습니다. 아기가 다칠 수 있으니까요!

근데 포대기는 음… 밖에서 하고 다니기엔 좀 그렇죠? 물론 제 아내는 밖에서도 잘 하고 다니더라고요(놀리는 거 아님!). 그래도 가끔 포대기에 아이를 업은 채 마트를 돌아다니면 남자 분들이 스킬 좋다며 웃습니다. 그 웃음의 의미는 무엇일까요? 아하하하하.

이제는 우리 아들도 업는 게 편한지 안아 주면 항상 업어 달라고 합니다. 이렇게 아이를 업고, 청소기까지 돌려 주면 아내의 무한 사랑을 받을 수 있습니다. 흐흐흐흐. 남자가 해야 될 일, 여자가 해야 될 일이 뭐 따로 있겠습니까? 집안일은 가능한 한 많이 함께 해야 합니다. 그래야 맛있는 것도 많이 먹을 수 있죠!

아빠들 중엔 아기 기저귀 갈이를 못하는 분들이 꽤 많으신 것 같아요. 저도 처음엔 그랬죠. 오줌은 어떻게든 처리하겠는데 변은 좀…. 허허.

아기가 태어난 날이 갑자기 생각나는데요. 신생아 때 아빠의 일은 병원에서 주는 체크지에 대소변을 얼마나 보는지 체크하는 것이었습니다. 한참을 아이가 소변보기, 변보기만 기다린 기억이 납니다.

그땐 대소변을 못 보면 큰일 나는 줄 알았으니 얼마나 마음을 졸였겠습니까. 특히 아이가 태어나고 처음으로 태변을 시원하게 소리 내며 싸는데, 어찌나 속이 시원하고 고맙던지요. 전 그렇게 대소변, 그리고 기저귀와 조금씩 친해진 것 같습니다.

하지만 처음엔 정말 벌벌 떨리더라고요. 기저귀를 잘못 채우면 탯줄에 염증이 생길 수도 있다고 겁을 주니 어찌나 무섭던지! 정말 조심스럽게 기저귀를 채우고, 그 후에도 잘 채웠는지 몇 번이나 확인하고 또 확인했던 기억이 납니다.

그러다 기저귀 사이즈가 소형에서 중형으로 바뀔 때쯤이면 엄마들은 아시죠? 눈 감고도 채웁니다. 전 진짜 손놀림이 빠른 편이죠. 우하하.

남자 애들인지라 그 무렵 되니 힘이 강해져서 기저귀 안 차겠다고 뒤집고, 바로 눕혀 놓

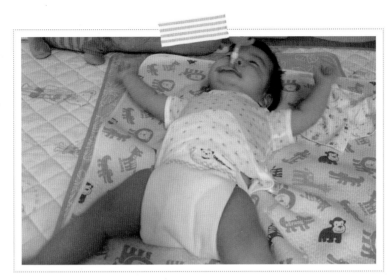

으면 또 뒤집고, 잡으면 도망가고! 생각만 해도 아…. 매일 혈압이 상승하던 그때 딱, 팬티 기저귀를 만났는데 얼마나 편하던지 그야말로 신세계더라고요.

100일 전엔 기저귀를 특히 많이 쓰죠. 변을 싸고 오래 두면 발진이 일어나는데, 첫째는 피부가 예민한지 그리 오래 두지 않았는데도 발진이 너무 심해서 천 기저귀를 사용해야 했습니다. 그땐 진짜 할 맛 안 나더라고요.

아내랑 아기를 재운 뒤 기저귀를 매일 손으로 애벌빨래하고, 세탁기에 돌리고, 다시 널고 개고를 반복하는데 야, 이것 참 일이더군요. 우리 어머니들은 아이를 어떻게 키우셨는지… 정말 대단들 하세요. 그쵸?

첫째의 발진 때문에 여름에 엄청 고생했어요. 연고도 많이 썼고요. 물로 씻기고, 천으로 닦고, 말리고…. 또 햇볕이 좋다기에 아기 엉덩이를 하늘로 치켜들고 한참 서 있던 기억도 납니다.

그땐 아들 엉덩이만 보고 살았죠. 아무튼 이런 저런 방법 다 해봤는데요. 기저귀 발진을 피하려면 결국 엄마 아빠의 노력이 들어가는 수밖에 없는 것 같습니다. 천 기저귀, 정말 힘들었지만 아기 궁뎅이만 뽀송뽀송해진다면야 계속 할 수 있어요! 저… 정말요!

아이를 낳은 후, 이런 생각은 세상에 태어나 처음 해보게 됐는데요.

"만약 아이들을 위해 목숨을 내놓으라 하면 한 치의 주저 없이 제 몸을 던질 수 있어요."

저뿐만 아니라 다른 엄마 아빠들도 똑같을 것이라 생각합니다. 그럼 우리가 사는 이유가 분명히 정해졌네요! 그렇죠?

아빠가 주는 TIP

아빠들을 위한 포대기 매기 1분 강의!

• 먼저 아이를 안아 올려 뒤로 잘 돌립니다.

• 아이의 위치에 맞게 포대기를 적당히 잘(?) 맞춰 덮습니다.

• 앞에서 끈을 한 번 교차한 뒤 왼쪽 끈은 오른쪽으로,
  오른쪽 매듭은 밑쪽으로 가도록 하고, 배 쪽에서 묶어 줍니다.

포대기 매는 법,
영상으로
확인하시죠!

♥ 울지마, 뚝!

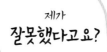

"울지 마, 뚝!"

이 말을 할 때마다 아빠의 가슴이 얼마나 아픈지 아이들은 알까요? 아빠는 정말 많이 사랑해서 그러는 건데 말입니다. 저희 집 첫 아이는 이제 30개월을 넘어섰습니다. 슬슬 자기 고집이 분명해지는 시기죠. 좋고 싫음을 분명하게 표현하는 모습을 보면 어찌나 신기한지 모르겠어요. 자신의 욕구가 무엇인지를 알기 시작하는 것 같습니다. 하지만 "싫어!" 하면서 떼를 쓸 때는 아이고… 제 마음 아시죠?

처음 아이스크림을 줬을 때, 한성이의 표정은 진짜 '할렐루야'였습니다. 그 얼굴이 아직도 머릿속에 생생합니다. 그리고 얼마 뒤 아이스크림을 보면서 어렵게 입을 달싹이더니 갑자기 "빨리, 빨리" 하더군요. '빨리'라는 말은 그때 아이의 입에서 처음으로 터져 나왔습

니다. 말은 이렇게 배우는 거구
나 싶어 참 신기했죠.

이렇게 첫 아이는 자신의 욕
구를 점점 알아가고 있습니다.
인간이라면 욕구를 갖는 것이
당연하겠죠? 갖고 싶다, 먹고 싶
다, 만지고 싶다 등…. 그러니 우
리 엄마 아빠들은 아이에게 욕
구를 올바르게 분출하는 방법
을 알려 줘야 합니다.

어찌나 좋았으면
아이스크림 상자까지!

여기서 훈육이라는 것이 필요
하게 됩니다. 사실 어느 부모가 아이 혼내기를 좋아하고, 또 하고 싶겠습니까? 하지만 아
이를 키울 때 꼭 필요한 것이기 때문에 어쩔 수 없죠. 저 또한 어릴 때 너무 장난꾸러기여
서 참 많이 혼났습니다.

그럼 올바른 훈육은 무엇일까요? '지금 혼난 것이 마음의 상처로 남으면 안 되는데', '우
리에게 받은 스트레스가 다른 곳으로 표출되면 안 되는데' 등 엄마 아빠들은 훈육하는
순간에도 많은 걱정을 합니다.

초콜릿을 먹겠다는 몸부림(?)! 공감하시는
엄마들 몇몇 계신 거 알아요~
아내는 이렇게 아이의 약을 올리고
희열을 느끼더라고요. 하하.

마트에서 특히 엄청난 집중력을
발휘합니다!

어느 날이었습니다. 마트에서 물고기를 보면서 놀던 큰 아이가 집에 가자는 말을 듣더니 바닥에 그대로 누워 버렸습니다. 안 가겠다고 말이죠. 처음엔 안아 주고 달래도 봤지만 결국 마트가 떠나갈 정도로 크게 자지러지기 시작했습니다.

사람들은 다들 저희 가족을 쳐다봤죠. "어머, 저기 양꼬치엔 칭따오가 애를 잡는구나" 하면서요. 저는 얼굴이 빨개질 대로 빨개져 아이를 안고 계단으로 도망치듯 내려왔습니다. 그리고 한성이에게 "한성아, 쉿, 조용!"과 "뚝! 울음 뚝!"만 연신 외쳤죠. 저도 아이처럼 분이 나서 아이에게 해서는 안 될 말들도 던졌습니다.

이때 우리 마나님께서 오더니 "그렇게 하면 안 된다"고 했습니다. 그리고는 낮고 단호한 어조로 "일어나세요"라고 말하며 흥분해 누워 있는 아이를 일으켜 세웠습니다. 많이 경험해 본 일인지 엄청나게 자연스러웠죠! 그 모습을 보며 전 '내가 그렇게 조용, 뚝을 외쳤는데 저게 통할까?'라고 생각했지만, 네…. 통했습니다. 역시 엄마는 다릅니다! 엄지 척!

아내는 낮은 음성으로 뭐 때문에 우는지, 한성이는 뭐가 하고 싶은지 등을 물어봤습니다. 아이는 흥분을 점점 가라앉히며, 뭐라고 말을 하기 시작했습니다. 전 알아 들을 수 없는 말도 엄마는 다 이해되나 봅니다. 외계어를 하던 아이는 눈물을 그치고 엄마에게 "죄송해요"라고 말하며 안겼습니다. 제가 볼 때는 이 모든 과정이 한 편의 '다큐'였습니다.

제가 잘못된 방법으로, 아이에게 상처를 주는 훈육을 할 수도 있겠다는 생각이 들자 소름이 끼쳤습니다. 그 뒤로 전 가능한 한 아이를 혼내지 않습니다. 대신 아내가 혼을 내면 아들을 꼭 안아 주든지 아니면 맛있는 아이스크림을 먹으러 가죠.

그러나 문제는 둘째가 태어난 뒤였습니다. 연년생인 이들 형제는 15개월 차이가 납니다. 동생이 태어났다는 것은 첫째 아이에게 어느 정도의 충격을 줄까요? 주변에 물어보니 우스갯소리로 '남편과 바람난 여성을 본 순간의 충격과 비슷한 수준'이라고 합니다. 뭐, 그 정도로 충격이 크다는 얘기겠죠.

한성이 앞에선 웬만하면 둘째 아이에 대한 과한 애정을 보이지 않으려고 다짐했지만, 그게 마음대로 되나요. 정말 미치도록 귀여운데…. 그런 모습을 지켜보면서도 동생을 질

투하지 않기에 '역시 우리 아들은 다르군' 생각했던 것도 잠시! 한성이가 앉아 있는 한음이를 뒤로 미는 겁니다. 한음이가 바닥에 머릴 부딪힐 때 어찌나 깜짝 놀랐는지, 저도 모르게 아무것도 모르는 아들에게 "한성아!" 하고 소릴 질렀습니다. 그리고 "동생한테 이렇게 하면 안 되지!" 하며 혼을 내니 한성인 울기 시작했죠. 아빠의 그 큰 소리를 듣고 어찌나 깜짝 놀랐겠습니까?

다시는 소리 지르지 말아야지 하고 다짐했건만 한성인 어느 때보다 서럽게 울었습니다. 저도 그렇게 우는 모습은 처음 봤던 것 같습니다. "아빠가 미안해. 많이 놀랐지?"라고 달래도 한성인 서운한지 쉽게 울음을 멈추지 않더군요.

아이의 울음이 그친 뒤, 아내는 한성이에게 왜 동생을 밀면 안 되는지 설명하면서 같이 울었습니다. 우리 아들이 동생 때문에 이렇게 혼난 게 무척 안쓰럽고 속상했나 봅니다. 그날 밤 아내와 맥주를 마시며 이런 저런 얘기를 했습니다. 전 반성하고 또 반성했죠.

동생을 괴롭히면 안 되는 이유에 대해 알아듣게 설명했다 싶었는데 또 한음이의 얼굴을 쥐어뜯고, 장난감으로 머리를 때리고, 배에 올라타서 뛰는 한성이의 모습을 보면 '아무리 이야기를 해봤자 통하지 않겠구나' 싶습니다.

그래도 어느 시점부터 한음이도 살고 싶었는지 넘어지지 않으려고 버티기 시작했습니

일부러는
아닌 것 같습니다.
그… 죠?

다. 그 모습을 보면서 어찌나 대견스럽던지, '이러면서 다들 크나 보다'라는 생각이 들었습니다. 한성이도 이제 동생을 조금씩 챙기고, 아껴 주기까지 합니다.

아이들은 앞으로도 얼마나 많이 저한테 혼날까요? 전 또 그로 인해 얼마나 가슴이 아플까요. 그래서 훈육이 꼭 필요하다면 가능한 한 효과적으로 해야 합니다.

"혼낼 때는 짧고 알아듣기 쉽게!"

그리고 무엇보다 지금 잘못한 것만 혼내는 것이 중요합니다. 아이는 어른이 아니니 저번 번 잘못까지 대입시켜서 혼내면 받아들이기가 쉽지 않겠죠.

또 부모 중 한 사람만 아이를 혼내는 방법은 좋지 않지만, 그래도 혼나고 나서 위로 받을 데는 필요하지 않을까 싶습니다. 그래서 전 가능한 한 받아 주는 쪽을 선택했습니다. 아빠들은 거의 받아 주는 쪽이죠. 그래서 그런지 아이들은 우리 아빠들을 너무 만만하게 (?) 봅니다. 저희 집만 해도 그렇게 달래고 위로해 줬는데, 언제부터인가 제 말은 거의 안 듣는다고 보시면 됩니다.

그래도 최소한의 원칙은 있어야겠죠. 제때 혼내지 않고, 갑자기 화를 폭발시키면 아이들은 그냥 혼날 때보다 훨씬 더 큰 충격을 받거든요.

훈육 방법은 부모마다 다 다르리라 생각합니다. 저희도 아직 많이 부족해서, 매번 반성하고 조금씩 배워 가는 과정을 겪고 있습니다. 하지만 모든 부모들의 공통점은 아이를 혼내고 난 다음 사랑으로 안아 주고 다독여 준다는 것이 아닐까요?

"세상에 '사랑'만큼 좋은 훈육은 없어요."

저 또한 살아오면서 혼날 때가 많았지만, 혼나는 것이 사랑처럼 느껴질 때가 많았거든요. 만약 이런 관심이 없었다면… 많이 슬플 것 같네요. 오늘도 아이 때문에 철들고 있는 아빠입니다.

아빠가 주는 TIP

- 첫째가 받는 충격을 꼭 이해해 주세요. 동생에게 못되게 군다면 무조건적으로 혼내는 대신 '안 되는 이유'를 설명해 줘야 해요.
- 혼낼 때는 지금 혼나야 할 이유만! 옛날 일을 끌어들이지 마세요.

♥ 거실은 저희 놀이방이에요

우리는 만날 거실에서
공부… 아니 놀아요~

학창시절, 사실 저는 책을 별로 좋아하지 않았습니다. 책보다는 노는 것을 더 좋아했죠. 하지만 나이가 들어 보니 책의 소중함을 절실히 알겠더군요. 인간의 즐거움 중에 하나인 지식, 즉 호기심을 충족시킬 수 있는 방법이 책 속에 정말 많이 들어 있으니까요. 하지만 책을 읽기 위해서는 인내가 필요하죠. 지식이 그냥 얻어지는 것은 아니더군요.

그렇기에 엄마 아빠들은 아이가 어릴 때부터, 책을 친한 친구로 만들어 주기 위해 애를 씁니다. 여기에 들어가는 돈은 정말 하나도 아깝지 않습니다. 저 또한 똑같아요. 전 우리 아이가 책 볼 나이가 되면 꼭 인문학 만화책을 같이 읽고, 식탁 토론을 하고 싶습니다. 이렇게 아이가 책과 친해지는 것은 모든 부모들의 바람이죠.

어느 날 아내가 저에게 아이들이 바뀌길 원한다면 우리 또한 하나씩 바뀌어야 한다고 하더군요. 아이들이 책 읽기를 바란다면 엄마 아빠부터 먼저 책을 읽어야 된다는 말이었죠. 그리고 그러기 위해선 '거실 전격 개조'에 들어가야 한다고 '통보'했습니다.

뭐? 거실을 바꾸자고?

거실에는 푹신한 소파가 있었습니다. TV 보기에 아주 '딱'인 환경을 만들어 놓았으니까요. 제가 제일 아끼는 아주 푹신한 소파…. 이 소파가 정말 몸에 착 감기거든요. 여름엔 시원하고 겨울엔 따뜻하고요. 최고였는데…. 그리고 그 옆엔 아직 할부가 끝나지 않은 안마의자가 있었습니다. 우리 집에서 제일 비싼 가구이기도 했죠.

거실은 저의 공간이자 쉬는 공간이었죠. 저 뿐만 아니라 다들 결혼하면 거실을 아름답게 꾸미길 원하잖아요? 손님이 와서 처음 보는 공간이 바로 거실이니까요. 그러니 얼마나 힘(?)을 줬겠습니까. 소파 뒤에는 커튼술을 달고, 결혼사진도 걸어 놓는 등 나름 인테리어도 했죠.

그런데 아내가 이런 안을 내놓은 것이었습니다.

"아이들을 위해 거실을 놀고, 공부하는 공간으로 바꾸자!"

소파를 치우고, 안마의자를 옮기자는 말에 "그럼 나는, 나는?"이라고 외치며 얼토당토 않은 주장을 했지만 이내 곧 아내의 말이 맞다는 사실을 인정하게 됐습니다. 제가 소파에 누워 있으니 아이도 소파에 눕길 좋아하고, 제가 TV를 좋아하니 아이들도 TV를 좋아하는 것 같더라고요. 작은 방을 아이들 놀이방으로 예쁘게 꾸며 줬는데, 사실상 아이들이 가장 많이 머무는 공간은 바로 거실이었습니다. 아이들 방에 자석 칠판, 블럭, 장난감 등 재미난 물건이 있는데도 불구하고 근처에 가지도 않더군요. 아이고!

결국 저를 위한 거실 환경을 아이들에게 양보하고 바꿔야만 했습니다. '그래, 아이들을 위해 내가 희생하자'라고 생각했지만 쉽게 인정할 수가 없었습니다. 특히 소파…. 제가 가장 아끼던 안마의자는 결국 작은 방으로 옮겨 가, 현재는 먼지만 소복이 쌓이고 있습니다. 눈물만….

'TV도 확 치워 버리겠다'는 아내를 겨우 말렸습니다.

"교, 교, 교육 영상도 보여줘야지!"

Before

사랑스런 우리 아이와
소파와 안마의자

그냥
어! 린! 이! 집!

저의 이 궁핍한 변명으로 TV는 지켜냈지만, 허허허…. 도저히 TV를 볼 환경이 되지는 않더라고요.

'민족 대이동(?)'을 한 뒤 저희 집 거실은 거의 가정 어린이집 수준으로 바뀌었습니다. 이런 거실에서 TV를 보고 있으면 등이 나갈 것 같습니다. 누워서 TV를 볼까 하면 아이가 와서 비행기를 태워 달라고 합니다. 또 거실에 아이들을 위한 책꽂이를 사 줬더니 아이들이 책을 가져와 읽어 달라고 난리입니다. 그냥, 계속 가져옵니다.

저에게도 변화는 찾아왔습니다. 작은 방에서 먼지만 마시고 있던 제 책들을 꺼내, 거실한 쪽을 채웠습니다. TV 보기는 점점 포기하고, 가족들과 다 같이 음악을 들으면서 전시상품이었던 책을 읽기 시작했죠. 이제 우리 아이들도 아침에 일어나면 자연스럽게 노래를 듣고 책을 읽는 것이 습관이 됐고, 책을 좋아하게 됐습니다. 신기하죠. 환경을 바꿔 주니 정말 아이들이 바뀌기 시작했습니다.

단점이 있다면 거실, 아니 놀이방을 아내와 제가 아무리 깨끗이 정리해 놔도 10분 만에 아주 난장판이 된다는 거죠. 아내는 깔끔한 성격이라, 첫 아이가 기어 다니던 시절에만 해도 장난감을 갖고 놀 때마다 쫓아 다니면서 방을 치우더군요. 하지만 둘째를 낳고 아이가 두 명이 되니, 이제는 아이들이 밟고 넘어지지 않게만 대충 치워줄 뿐 놀이가 끝날 때까지 아예 손도 대지 않습니다. 치워도 10분 만에 다시 엉망이 된다고요. 하하하. 엄마들

단 10분 만에 가능합니다!

책을 보는 건지,
가지고 노는 건지!

은 이 기분 아시죠?

뭐 집이 지저분해지긴 하지만, 아이들은 정말 재미나게 놀이를 즐깁니다. 저희도 놀아 줄 도구가 많으니 돌보기 쉽고요. 가끔 비싼 책을 찢으며 놀아서 테이프로 붙이기도 하지만, 아내의 현명한 결단에 많은 것이 바뀌었습니다.

한 아이가 엄마와 살았는데, 집이 묘지 근처라 아이가 매일 곡하는 소리를 따라했다고 합니다. 그래서 엄마는 근처 시장 주변의 집으로 이사를 갔죠. 이번에 아이는 매일 장사꾼의 흉내만 냈고, 이것을 본 엄마는 다시 학교 근처로 집으로 옮겼다고 합니다. 그러자 아이는 매일 책만 읽었다고 합니다. 여러분 모두가 아실, 맹모삼천지교 이야기입니다.

이처럼 환경을 완전히 바꾸려면 이사까지 가야 하겠지만, 사실 부모가 마음가짐만 바꿔도 아이는 달라질 수 있습니다.

그러나 사실 제가 가장 중요하게 여기는 부분은 따로 있습니다. 바로 인성교육입니다. 아무리 공부를 잘해도 인성이 부족하면 아무 소용이 없다고 생각합니다.

한번은 아내와 함께 인천공항을 가야 하는데, 지하철역까지 갈 택시가 안 잡혀 발을 동동 구르고 있었어요. 그런데 제 옆에 차가 한 대 서더니 "공항 가세요? 가시면 데려다 드릴게요" 하시더군요. 캐리어 등을 손에 들고 있어서 아셨던 모양입니다. 아무튼 그 차를 얻어 타고 공항까지 편히 갈 수 있었습니다.

사실 전 제가 연예인이라서 그분이 알아보고 태워 주신 줄 알았습니다. 그래서 살짝 뿌듯해 하고 있었는데 알고보니 저희 아파트 15층에 사는 이웃이더라고요. 오며가며 인사를 해서, 얼굴을 알아봤다고 하셨죠. 그때 '아, 역시 인사가 이렇게 중요하구나!' 하고 느꼈죠. 정말 작은 행동으로도 세상이 이렇게 달라질 수 있습니다.

전 우리 아이들이 인사만큼은 누구보다 잘했으면 합니다. 저는 나비효과처럼 '인사효과'가 있다고 믿습니다. 굉장히 단순한 것처럼 보이지만, 사실 창피함이나 자존심 때문에 인사를 잘하지 못하는 사람들도 많습니다. 층간 소음으로 서로 싸우고, 바로 옆집에 누가 사는지 궁금해 하지도 않는 지금 현실, 우리가 바뀐다면 아이들도 바뀌지 않을까요? 전 아파트에서 또는 동네에서 지나가는 분들에게 먼저 인사를 합니다. 아이들이 보고 배웠으면 해서요. 그래서인지 저희 집 아들들은 인사를 참 잘한답니다. 물론 어쩔 때는 반강제적으로 시키기도 합니다. 언젠간 저에게 감사해 하겠죠?

윗집 아이가 심하게 뛴다면 그때는 정말 화가 나겠지만, 그 아이가 제가 좋아하는 이웃인데다 엘리베이터에서 저를 만날 때마다 "삼촌, 안녕하세요!"라고 해맑게 인사해 준다면 화났던 마음이 싹 가실 것 같아요.

아기를 낳는 것보다 키우는 것이 더 어렵다는 사실을 잘 알고 있습니다. 선물처럼 내려와 저희를 기쁘게 해 주는 아이들과 자주 교감의 시간을 갖고, 애착 관계를 잘 형성해서 인성, 교육 모두 첫 단추를 잘 끼워 주고 싶습니다.

아이들에게 커다란 효도를 바라지는 않습니다. 그저 건강하고 착하게 커서, 사회의 소금 같은 역할을 하며 살아 주길 바랄 뿐이죠. 우리 아이들이 자랄 행복한 세상을 위해 저 또한 열심히 노력하겠습니다.

아빠가 주는 TIP

• 가족이 가장 많이 머무는 공간인 만큼, 거실을 아이들을 위한 교육적인 환경으로 꾸며 주세요. 처음에는 아이들 책이 꽂힌 책꽂이 하나라도 좋습니다.

• 영어 잘하는 사람, 수학 잘하는 사람보다 인사 잘하는 사람 만들기가 더 힘들다는 사실을 잊지 마세요!

♥ 안전제일주의 우리 집,
지저분하다고 놀리지 마세요!

우리 집은
은빛 세상~

  잠깐 밀린 집안일을 하다가 눈을 돌리면 아이들은 금방 사라져 버립니다. 도대체 어디로 갔을까요? 한 녀석은 미끄럼틀에, 그럼 또 한 녀석은 어디 갔지?

  "한음아! 한음아!" 하고 불러 보면 갑자기 어디선가 "으앙" 하는 울음소리가 납니다. 찾아보면 침대 앞 기저귀함과 같이 널브러져 울고 있습니다. 어휴! 재빠르게 아이를 안고 진정시킵니다.

  "아이고, 많이 놀랐어요?"

  서럽게 울던 둘째는 숨을 몰아쉬며 울음을 진정시킵니다. 바로 그때 또 "으앙" 소리! 이번엔 첫째 한성이가 미끄럼틀에서 놀다 모서리에 머리를 부딪친 겁니다. 아이고, 첫째를 또 안고 "괜찮아" 말하며 달래 줍니다. 이렇게 잠깐 사이에 벌어지는 사고들을 어떻게 하면 현명하게 막을 수 있을까 고민하게 되죠. 작은 사고부터 상상도 하기 싫은 큰 사고까지….

먼저 언제쯤 기어 다니기 시작하고, 일어서는지 등 아이들의 개월수별 행동변화를 조금이라도 알고 있다면, 미리 사고를 막을 수 있지 않을까요?

저는 아기가 태어나기 전, 집에 있는 가구 모서리에 보호 테이프를 붙여 뒀습니다. 물론 모양은 진짜 말도 못하게 별로지만 어쩔 수 없잖아요. 모서리 보호쿠션을 모든 가구의 모서리에 붙이고 싶었지만 생각보다 가격이 비싸더라고요. 그래서 일단 위험한 곳만 붙여두기로 했죠.

집에 와서 아이가 움직이는 동선과 넘어질 만한 장소를 머릿속으로 계산했습니다. 그리고는 "자! 이쯤이군" 하고 테이프를 붙였죠. 혹시나 효과가 없을까 봐 제가 미리 머리를 세게 박아도 봤습니다.

안전한지 확인한 뒤에 집을 둘러보니 그 예뻤던 가구들은 그냥 뭐… 아이 생기면 가구며 도배장판이며 새로 할 필요 없다고 어르신들이 말씀했던 이유를 알 것 같습니다. 그런데 이렇게 정성스러울 만큼 안전장치를 해 놓아도 꼭 아이의 동선이 아니라고 생각해 쿠션을 붙이지 않은 곳에서 사고가 나더라고요. 그럴 때마다 그거 좀 아끼겠다고 한 내 자신이 어찌나 싫던지요. 그 길로 당장 나가서 보호 쿠션을 정말 '왕창' 사 와, 집안 구석구석에 발라 뒀습니다. 소 잃고 외양간 고치기죠.

만약 집의 인테리어를 전혀 생각하지 않고, 가능한 저렴하게 보호 쿠션을 사용하고 싶은 분들이 계시다면 강력 추천하고 싶은 것이 있습니다. 가까운 철물점에 가면 수도 얼지 말라고 보호하는 파이프 단열재가 있습니다. 네, 여러분들이 잘 아시는 바로 그 은색 스티

정말 멋었긴 하죠?

로폼이요. 이걸 반으로 잘라 사용하면 효과 만점입니다. 하지만 모양은 정말 그닥이죠….

제가 볼 때 제일 잔사고가 많이 나는 시기는 아이가 막 기어 다니기 시작할 때와 일어서기 시작할 때입니다. 기어 다니는 속도가 점점 빨라지며 속도를 주체하지 못하거나, 목적지에 도착해 무엇이든 잡고 일어나다가 휘청하면서 사고로 이어지는 거죠! 특히 엄마들이 전화할 때 아니면 집안일을 하느라 잠깐 한눈 팔 때 이런 일이 벌어집니다. 그래서 그럴 때 전 아이를 보행기에 잠깐 태워요. 물론 보행기도 위험할 때가 많죠. 아이의 힘이 세질수록 보행기가 엎어질 위험이 커지니까요. 아니면 아이가 잠시 최면에 빠질 수 있도록 뽀로로 영상을 틀어 놓죠.

아이 때문에 늘어난 가전제품 때문에 멀티탭을 사용할 수밖에 없는데, 이것 또한 사고로 많이 이어집니다. 아직 힘이 약하긴 하지만, 전선을 잡은 상태에서 넘어지면 전선이 뽑히거나 연결된 물건이 떨어지는 등 그대로 대형사고로 이어지는 경우가 있기 때문이죠. 이런 일을 대비하기 위해 가장 좋은 방법은 멀티탭을 숨겨 놓는 것이지만, 전부 다 그렇게 하기는 힘듭니다. 그럼 자꾸 늘어나는 멀티탭을 어찌하면 좋을 것인가! 전 일단 무게가 많이 나가는 가구 등에 멀티탭을 고정시켜 둡니다.

특히 엄마들이 자주 사용하는 드라이기나 고데기 등 뜨거운 물건이 제일 위험합니다. 이런 멀티탭은 아예 화장대 위에 고정 시키는 것이 현명하죠. 즉, 아기가 닿을 수 있는 곳에 전선들이 있다면 모두 위로 올려 버리자!

고데기 얘기가 나와서 말인데요. 안전 훈련을 통해 뜨거운 것에 대해 미리 인지시키는 교육이 반드시 필요합니다. '뜨거우면 손을 떼겠지'라고 생각하지만 뜨거운 것에 대한 훈련이 부족한 아이는 뜨거울 때 오히려 더 힘을 줘서 잡는다고 합니다. 헉, 그럼 대형사고로 이어지는 건 당연하죠!

화상 시 응급처치는 부모님들 모두 알고 있으리라 생각합니다. 그래도 혹시 몰라 말씀드리자면 흐르는 차가운 수돗물에 상처를 식혀 주는 것이 가장 중요합니다. 상처 부위를 만지거나 얼음으로 문지르면 피부 조직이 상해 흉터의 원인이 될 수 있습니다. 그리고 가

아이들이 떨어져
다치지 않도록 침대 대신
매트리스만 깔고 자요!

고무로 된 매트,
욕실 사고 방지에
최고입니다!

까운 병원으로 빨리 가는 것이 좋겠죠.

돌 전에는 아기들이 침대에서 떨어지는 낙상 사고도 많이 일어납니다. "쿵!" 소리만 나면 심장이 철렁해요. 바로 달려가 보면 대성통곡을 하고 있고요. 이 비싼 침댈 버릴 수도 없고…. 당연히 고민됐지만 전 그냥 버렸습니다. 아기가 제대로 다칠 뻔한 뒤, 전 바로 공구를 들고 와 저도 모르게 침대를 부수고 있었습니다. 아빠들도 아이가 다치면 얼마나 속 상하다고요. 그래서 지금은 방에 매트리스만 놓고 살고 있습니다. 매트리스 두 개를 붙여서 네 식구가 도란도란 잠을 청해요. 애들이 쉽게 내려가고 올라가고 하니 좋더군요.

아이가 떨어졌을 때, 뭔가 이상하다 싶으면 함부로 움직이지 않는 편이 좋습니다. 목이나 허리를 다쳤을 수도 있으니까요. 혹시 동공이 풀리고 얼굴이 창백하고 숨을 안 쉬는 것 같다면 구조대를 부르고 인공호흡을 시도해야 합니다! 그럴 일이 있어서는 안 되겠지만, 알고 있으면 언젠가 도움이 될 듯합니다.

그리고 욕실에서의 사고도 참 많아요.

욕실이 미끄러워서 넘어지며 턱 등을 찍는 아이들이 많습니다. 저희 첫째도 활발 중에 활발(TOP OF 활발) 그 이상이라서 특히 욕실에서 많이 넘어졌습니다. 그래서 미끄럼 방지 테이프를 정말 살 수 있을 만큼 사서 욕실 구석구석에 하나하나 정성스럽게 붙였습니다. 그런데 테이프에 물이 닿으니 일주일 만에 다 떨어지더라고요. 허허.

그래서 한동안 목욕시킬 때 아이에게 양말을 신겼어요. 요즘 양말엔 미끄럼 방지 고무가 붙어 있어 양말을 신고 있으면 넘어지지 않더라고요. 하지만 단점은 발이 너무 퉁퉁 불어 버리는 거였어요. 그리고 또 하나! 그렇죠. 양말을 신고 가만히 있질 않습니다. 계속 벗어요. 그리고 계속 벗겨 달래요. 이런….

그래서 바닥에 고무로 된 매트를 깔았는데, 써 본 것 중 최고입니다! 무엇보다 안전해요. 저도 어릴 때 욕실에서 턱을 다쳐서 20바늘인가를 꿰맨 적이 있거든요. 조심 또 조심해야죠.

"첫째도 안전! 둘째도 안전!" ✳

또 아기가 뭐든 맛보려고 하는 시기에는 잘못하면 바로 뭔가를 삼켜 버리기 십상이죠. 이때 엄마 아빠의 응급상황 대처법이 중요합니다. 먼저 아기의 머리를 아기 발보다 아래로 향하게 하고, 가슴을 엄마 허벅지 정도에 댑니다. 이렇게 머리를 아래로 향하게 한 뒤 강하고 빠르게 아기의 어깻뼈 사이를 연속으로 쳐 주세요. 이를 반복하다가 아기가 울거나 말을 하면 너무 걱정 마시고 가까운 병원으로 데려가세요.

이렇게 아이를 키우다 보면 여러 가지 수많은 돌발 상황과 마주하게 됩니다. 요즘은 TV나 인터넷 매체로 대처법을 쉽게 접할 수 있고, 책도 많이 있잖아요? 미리미리 공부해 두면 언젠가 도움이 됩니다. 그리고 무엇보다 글을 통해 알고 있는 것도 중요하지만, 가끔 아이와 응급상황 대처 놀이 시간을 가지며 실습해 두는 것이 좋아요. 그래야 혹시 있을 사고에 당황하지 않고 침착함을 유지할 수 있거든요.

사고 후 5분 동안의 현명한 대처가 우리 아이를 지킬 수 있는 힘이 됩니다! 오늘부터 실천해 보세요, 약속!

 아빠가 주는 TIP

10개월 정도의 아이에게 약간 따뜻한 그릇 등을 손에 대주면서, "앗, 뜨게!", "뜨거 뜨게" 등 놀라는 제스처를 취하면 '위험한 상황'임을 배우게 됩니다. 뾰족한 것 등 다른 위험한 상황도 마찬가지입니다.

Part 3

아빠랑 노는 게 제일 좋아!

★

아이도, 아빠도 행복해지는
'육아 꼼수' 대공개!

♥ 김치 대야에서 목욕이라뇨!

꺄악!
부끄러워요~

　　꼭 해야 하는 여러 가지 중 목욕할 때만큼 즐거운 시간이 있을까요! 네, 전 목욕을 참 좋아합니다! 술 한 잔 먹은 다음 날, 사우나 가서 땀 한 번 쭉 빼고 시원한 음료수를 들이키면, 와… 그 행복감은 이루 말할 수 없지예~

　　제가 이렇게 물을 좋아해서인지 아이들 또한 물을 좋아합니다. 신생아 때도 그렇게 울던 아이들이 물에만 넣으면 신기하게 조용해졌습니다. 아이들은 물을 본능적으로 좋아한다고 하죠. 엄마의 뱃속 양수 속에서 자유롭게 수영하던 게 생각나서일까요? 물론 예외인 아기들도 있지만요.

　　첫째가 태어나고, 아기 목욕시키는 법을 배웠는데 어찌나 떨리던지요. 3kg도 안 되는 아기를 목욕시키는 데 얼마나 조심스럽던지, 혹시나 실수라도 하지 않을까 싶어 정말 신주 모시듯이 목욕시켰던 기억이 납니다. 온몸이 땀으로 흥건했죠.

말 많고 탈 많은
첫째가 태어난 지
한 달쯤 됐을 때, 아이를
목욕시키던 모습입니다.
괜히 아련아련~

우리 아빠들, 신생아 목욕은 엄두도 안 나죠? 그러니 아기가 태어나기 전 미리 신생아 목욕시키는 법을 알아 두면 참 많은 도움이 됩니다.

일단 많이 안아 보는 게 첫 번째입니다. 만약 아이를 안는 것조차 힘들다면… 이건 할 말 없습니다. 그런데 사실 저 또한 처음에는 그랬으니 너무 걱정 말기를, 아빠들이여!

신생아를 목욕시킬 때 가장 중요한 건 물 온도 맞추기입니다. 비싼 온도계도 써 봤지만 물 온도는 뭐니 뭐니 해도 팔 뒤꿈치가 제일입니다! 팔 뒤꿈치를 대 봤는데 뜨겁다 싶음 아이도 뜨겁겠죠?

또 탯줄이 떨어지기 전에는 염증이 생길 우려가 있으니 물에 넣어 씻기는 것은 삼가 주세요! 탯줄이 있는 아이는 한 팔로 안고, 평소엔 접혀 있어 발진이 생길 수 있는 얼굴과 목 사이, 사타구니 등을 특히 신경 써서 거즈수건으로 닦아 줍니다. 안 그러면 냄새가 아주 고약하거든요.

머리 감길 때는 아기를 뒤쪽으로 눕혀, 물을 조심스럽게 묻혀 주세요. 이때 양쪽 귀를 막아서 물이 들어가지 않게 조심하는 것이 좋습니다.

그리고 아기가 심하게 울 때는 팔을 잡아 주는데요. 사실 혼자 목욕시킬 때는 팔이 세 개가 아닌 이상 불가능하죠. 그럴 땐 거즈수건을 물에 적셔 아이 팔에 올려 주면 좋아요.

'말이 쉽지!'라고 하시겠죠? 하하, 그렇습니다. 말은 쉽죠, 해보면 무척이나 어렵습니다. 그렇다고 제가 잘하느냐? 못 믿으시겠지만 전 생각보다 고수입니다(그렇게 믿어 주세요). 어쨌든 이 정도 기초상식만 갖고 있어도 조금 수월하겠죠?

아이가 자라는 모습을 지켜본다는 것은 정확히 말하자면 목욕시키고, 로션 잘 발라 주

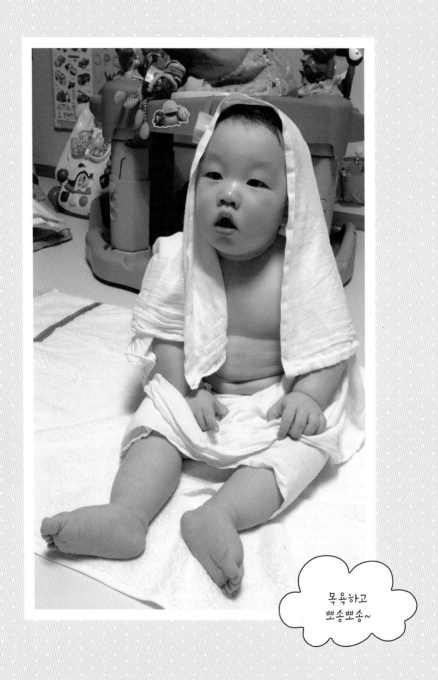

목욕하고
뽀송뽀송~

고, 어제 입었던 옷이 작아짐을 느끼는 게 아닐까요. 아이가 옷 입기 싫어서 몸부림칠 때, 정신없이 옷을 입히다가 문득 '언제 이 정도나 컸지?' 싶어서 눈물이 핑 도는 거죠. 그리고 '시간아, 천천히 가다오' 빌게 됩니다. 물론 금세 아이들은 사고를 치고, 곧이어 소원을 취소하지만요.

"세상에서 제일 귀여운 천사!"

특히 아이들은 목욕하고 나온 후가 뽀송뽀송 가장 예쁘죠. 앞에서도 말했지만 우리 두 아기 천사는 물을 정말 좋아합니다. 제가 술을 좋아해서일까요(어른들이 어릴 때 물을 좋아하면 커서 술도 많이 마신다고 합니다).

저희 집은 그래서 목욕 시간도 꽤 긴 편이예요.

큰 애는 제 실수로 몇 번 물에 빠진 적이 있어요. 정말 큰일 날 뻔했습니다. 부주의했던 제 자신이 어찌나 밉고 싫던지…. 아이가 내 실수로 다쳤을 때 기분은 길게 말 안 해도 다들 아시죠?

아기 목욕시키기는 점점 힘들어집니다. 몸무게는 점점 늘어나고 의사표현 또한 분명해지니, 목욕시키고 나면 진이 다 빠집니다. 엄마 아빠가 가능한 한 함께 해야 해요. 하지만 전 이것도 점점 쉬워질 것이라고 긍정적으로 생각하고 있습니다. 어차피 할 일이니까요!

아이는 점점 자랍니다. 어느 날은 자기 몸 이곳저곳을, 민망한 부분부터 아주 귀여운 부분까지 죄다 물어보더군요. 아이들이 크는 모습을 진정 느끼고 싶다면?

"아빠들이여, 아이들과 목욕을 즐겨라!"

저는 목욕놀이가 부자지간의 유대관계를 만드는 좋은 시간이라고 생각합니다. 큰 아이는 머리 감기를 너무 싫어했어요. 아니 지금도 싫어라 합니다. 이걸 어쩔까요? 여러 가지 시도를 했죠. 하나만 걸려라!

먼저 아이를 안고 눕혀서, 얼굴이 하늘을 보게 하고 감겨 봅니다. 아이고. 막 울어 대네요.

세 부자의
즐거운
목욕 시간!

다음으로 마트에 가보니 '머리 감기 전용 캡'이 있길래 큰 맘 먹고 사서 머리에 씌어 봤어요. 하지만… 기가 막히게 벗깁니다. 본전 생각이 나 재빠르게 다시 씌웁니다. 하지만 다시 재빠르게 벗습니다. 실패!

안 되겠다 싶어 얼른 캡을 머리에 덮어씌우고 아이의 관심을 다른 곳으로 돌립니다. 앗싸! 성공입니다. 이제 머리에 물 붓기…. 아이는 아직 모르는 눈치입니다. 자, 이제 샴푸를 쭉 짜서는 거품 만들기까지 성공! '이거 좋은데? 잘 샀어!' 하며 장난감에 눈이 팔린 아이 머리에 헹굼물을 붓습니다. 그런데 물이 캡과 얼굴 사이로 흘러나오고, 아이는 울기 시작합니다.

망.했다. ✳

재빨리 캡을 벗겼지만 눈에 거품이 들어가 아이는 더욱더 크게 웁니다. 거품을 씻겨 준다고 샤워기를 얼굴에 뿌리자 코에 물이 들어가 더더욱 웁니다. 하아, 최악! 한성이는 아예 울다 넘어갑니다.

… 현재 그 캡은 원반던지기 할 때나 사용 중입니다.

그러던 중 저만의 방법을 찾았습니다. 뭐, 찾았다기보다는 '어차피 울 거 빨리 울리고,

기분 좋게 놀자'고 마음을 바꾼 거지만요. 바로 바가지에 물을 담고 과감히 막 붓는 것입니다. 이렇게 무식한 방법으로 시작한 머리 감기였지만, 지금은 조금 컸다고 물을 부을 때마다 숨 쉬면 안 되는 것도 아는지 아저씨들처럼 '음파! 음파!'를 연신 해댑니다. 어찌나 대견스럽던지.

아빠의 목욕시키기는 이 방법이 최선이었다. 미안하다 한성아, 한음아!

또 하나, 그리고 목욕 장난감을 한번에 너무 많이 주면 다 버리게 됩니다. 당연합니다. 많다고 전부 다 갖고 노는 게 절대 아니거든요. 그러니 새로운 장난감은 한 번에 하나씩 주는 것이 좋습니다. 사실 저도 목욕 장난감을 여러 개 사 준 적이 있는데요, 치약 뚜껑만으로 한 달을 놉니다. 그 비싼 뽀로로 인형은….

또 여러 가지 장난감을 직접 만들어 보세요. 전 비닐 봉투에 물을 담고, 이쑤시개로 구멍을 뚫어 머리에 뿌려 줍니다. 그럼 몇 만 원짜리 장난감 안 부러워요! 둘째는 아직 구강기라 모든 장난감을 입으로 직진시키고, 이제 30개월이 넘은 첫째 한성인 장난감과 장난감 사이에 유대관계를 만들어 놀곤 합니다. 신기해요. 아이들이 장난감에 이름을 붙여 주

김치 대야에서,
세면대에서 하는 목욕도
나름 운치(?)가 있답니다.
허허.

고, 말을 거는 장면이요. 얼마 전까지 둘째처럼 입으로만 가져가던 한성이가 이제 장난감을 제대로 갖고 놀 줄 알다니! 정말 시간이 사람을 만드는 것 같습니다.

목욕 고수들은 다들 아시다시피, 도망가는 아이 몸에 로션 바르기, 몸 비트는 아이에게 기저귀 채우기, 떼쓰는 아이에게 내복 입히기 등. 목욕이 끝나고도 할 일이 많아요. 한 명일 때는 그냥 했는데, 이런 아이가 두 명이 되니, 참…. 도망 다니는 첫째를 겨우 잡으면 둘째는 입었던 옷을 벗고 있다니까요. 뭡니까 이게!

하루하루가 아주 난리입니다. 그래서 전 엄마들을 존경합니다. 연년생 아들 둘 키우는 아내의 목소리가 왜 점점 커지는지도 알 것 같아요. 사실 밖에서 일하는 남편들도 스트레스 받아 가며 일하지만, 그래도 쉬고 싶을 땐 자신의 의지대로 쉬잖아요.

근데 육아 또한 하다 보니 꼼수들이 생긴다 말입니다! 하하.

먼저 구강기인 둘째 한음이에겐 빨아도 될 만한 것을 쥐어 주고 일을 시작하죠. 아까 말했던 로션 바르기부터 옷 입히기까지! 하지만 매번 같은 걸 주면 2초 만에 던진다는 점! 적당히 바꿔 가면서 줘야 합니다.

첫째 한성이는 어찌나 활발한지 목욕만 하고 나오면 두 다리에 모터를 달아요. 정말 엄청 빨라요. 사실 목욕하고 나오면 얼마나 상쾌하고 기분 좋습니까? 그러니 잡으러 가면 장난치는 줄 알고 더 도망가죠. 이럴 땐 주어진 시간은 단 30초! 그 안에 모든 것을 해결해야 합니다. 손을 눈보다 빠르게!

요즘은 미끄럼틀에서 내려오는 아이 바지 입히기, 이불 놀이 하자며 유인해서 로션 바르기…. 이러고 살고 있습니다. 아이들은 호기심이 참 많잖아요. 그걸 잘 이용하면 되더라고요. 그래서 요즘은 책을 읽어 주며 옷 입히고 있죠. 뭐 책이야 많고, 없어도 전 잘 지어내거든요!

이렇게 아이 키우기는 쉽지 않지만, 그래도 아이들이 정말 귀여워서 웃을 수 있습니다. 단언컨대 정말 죽을 것처럼 힘들어도, 시간이 지나면 좋은 기억만 남게 될 것입니다.

아이가 한 살 두 살 먹는다는 건 저 또한 늙고 있다는 뜻이겠죠. 하지만 늙을 이유가, 주름 생길 이유가 있지 않습니까. 모든 부모가 그렇듯, 저에게도 아이들은 삶을 살아갈 이유입니다. 잠 좀 덜 자면 어때요! 우리 아이들이 앞에서 한번 웃어 주기만 해도 녹는 걸요.

이렇게 또 철부지 아빠, 철드는 소리가 들리죠?

 아빠가 주는 TIP

신생아 목욕시키기 3줄 요약!

- 팔 뒤꿈치가 '따뜻한' 정도로 물 온도를 맞춥니다.
- 탯줄이 떨어지기 전이라면, 거즈수건을 이용해 얼굴과 목 사이, 사타구니 등을 중점적으로 닦아 줍니다.
- 머리를 감길 때는 양쪽 귀를 막아 물이 들어가지 않게 합니다.

'슈퍼맨' 부럽지 않은
아빠와의 시간

아빠랑 단 둘이?
저는 괜… 괜찮아요.

"여보 많이 힘들지?"

이 말을 몇 번이나 했을까요. 돌아오는 대답도 늘 같습니다.

"아니야, 나보다 당신이 더 힘들지, 뭐."

부부가 된 지 어느덧 3년이 넘었습니다. 그 사이 많은 사건사고로, 저희 부부는 더 단단
해질 수 있었습니다. 사람이 살다 보면 힘들기도 하고, 일이 뜻대로 잘 안 풀려 짜증나기
도 하죠. 어쩌다 보니 그 짜증을 우리 아내에게 풀 때도 있었습니다. 그럴 때마다 '그러지
말아야지' 하면서도 저란 놈은 어쩔 수 없나 봅니다.

그러나 순풍에 돛단 듯 아무런 문제가 없었다고 해서, 한 번도 싸우는 일이 없었을까
요? 그렇진 않았겠죠. 오래 살진 않았지만, 그래도 또 그 나름대로 서운한 점이 생기기 마
련이더라고요. 일이 너무 많으면 집안일을 챙기는 건 더 어려워집니다. 그럴 때일수록 아

엄마가 없으니 바로 '그릇모자'를 가져와 씁니다….

장난감은
가능한 한 많이!

내를 더 챙겨야 한다는 걸 알면서도 몸이 쉽게 따르지 않습니다.

고생하는 아내의 자유 시간을 만들어 주기 위해, 우리 남편들이 하루나 이틀 정도 육아를 온전히 맡아 봅시다! 과연 가능할까요? 네…. 불가능한 건 아닙니다. 남자답게 하루 정도야!

그래서 공개합니다. 저만의 하루 육아 비법!

"엄마가 행복해야 가정이 행복하다."

누군가 이렇게 말하더라구요. 어찌 보면 진리죠. 집에서 어쩔 수 없이 육아만 해야 하는 아내들에게는 같은 환경이 반복되니 스트레스가 더 쉽게 쌓입니다. 또 아이가 세 살이 넘어가면 점점 자기주장이 강해지기 때문에 육아 스트레스는 더더욱 커집니다.

그래서 일단 아무 걱정 없이 외출할 수 있도록 남편에 대한 믿음을 심어 줘야 합니다. 아내가 막상 집을 나가 자유 시간을 보내는데, 남편이 못 미더우면 자꾸 집에 전화를 하겠죠. 그럼 남편도, 아내도 짜증만 날 뿐 아무것도 즐기지 못합니다.

그러니 아내 분들은 일단 외출하시면, 육아를 남편에게 맡기는 동시에 믿고 즐기세요. 그래봐야 집안에서 '1시간 엄마 찾기 전쟁' 정도가 일어날 뿐입니다. 그러니 그날만큼은 영화도 보고, 친구들과 술 한 잔도 하며 자유 시간을 즐겨 보세요. 그래야 집에 대한 부담을 줄일 수 있으니까요. 놀 때는 다시는 못 나올 것처럼 즐기시는 것이 좋습니다.

근데 또 막상 나가면 함께할 친구들이 없다는 문제가 생기죠. 아니, 얼마만의 외출인데 놀 사람이 없다뇨! 이럴 때 참 막막하죠. 그래서 저는 같은 나이 또래 아이를 키우는 주위의 부부와 동맹을 맺습니다. 혼자보다 둘이 훨씬 덜 힘들거든요. 마찬가지로 아내들도 아이들을 돌볼 사람이 둘이나 있으니 믿고 나가고요.

또 저는 아내들를 위해 뮤지컬이나 영화를 예매합니다. 그리고 작품을 보기 전에 밥 먹으면서 살짝 와인이나 맥주를 마실 것을 권하죠. 그래야 두 배로 즐길 수 있으니까! 그렇다고 너무 많이 마시면 독이 될 수 있으니 조심하시길.

이번엔 저희 큰 아이의
크레용팝 댄스
타임입니다!

자, 이렇게 아내에게 자유 시간이 주어졌습니다. 이제 문제는 아빠들이죠. 어쩐다. 난감하죠? 일단 아이가 좋아하는 것을 무기처럼 장전하고 있어야 합니다. 엄마와 늘 같이 있던 아이들은 엄마가 없어지는 순간, 불안해하기 시작하니까요. 그래서 장난감이든 간식이든 혹은 애니메이션이든 '총알'을 많이 갖고 있어야 혹시 모를 상황에 대비할 수 있어요.

일단 '엄마바라기' 아기들에게는 엄마가 나갔다는 사실을 의식시키면 안 됩니다. 그러면 내내 울기만 할 겁니다. 나갈 때는 닌자처럼 조용히! 그 동안에는 정신이 팔릴 만한 애니메이션을 보여 주세요. 경험상 낮잠 시간에 엄마가 나가면, 잠에서 깬 후 더 심하게 우는 경우가 많으니 주의하시길 바랍니다.

아내가 나간 뒤 남자의 시간은 무척 빨리 간다고 생각하시면 됩니다. 일단 밥이나 우유는 아내가 있을 때 미리미리 준비해 놓으시고요. 아이가 밥을 먹는다면 볶음밥 종류로 간단하게! 그 다음 놀이터나 놀이방, 아니면 얕은 산 등 아이가 신나게 놀다가 집에 와서 곯아떨어질 수 있는 곳을 골라 외출합니다. 꼭 낮잠은 재우고 이동하세요! 만약 그럴 만한 나이가 안 된다 싶으면 어쩔 수 없이 고생 시작이죠. 눈물….

아직 말을 못하는 아기의 경우에는 아내에게 미리 밥 먹을 시간과 잘 시간을 물어봐서, 그 시간만 정확히 지켜 주면 큰 문제는 없을 겁니다.

"헉, 아기가 운다!"

그러면 다음 세 가지 경우를 빠르게 캐치해 보세요! 배고프거나 졸리거나 쌌거나! 아기도 뭔가 요구사항이 있는 거예요.

첫째, 일단 기저귀를 살펴보세요. 근데 아기 변이 앞 쪽에 있는지 뒤 쪽에 있는지 잘 봐야 합니다. 뒤만 살짝 열어 봤다가 안 보일 수도 있으니까요. 당연히 구수한 냄새가 솔솔 나겠지만 코가 막혀 있을 때도 있으니 꼭 열어서 확인하는 걸로!

둘째, 아기가 배고프진 않은지를 확인해야 합니다. 신생아의 경우 손가락을 입에 살짝 가져다 댔을 때 사정없이 빤다면 '배가 몹시 고프다'는 뜻이니 우유를 주면 됩니다.

둘 다 아닌데 '어? 그래도 운다'고요? 그러면 졸리다는 거죠. 일단 아기를 안아서 재울 생각은 하지 마세요. 작은 아기지만 안고 있으면 허리가 굉장히 아파요. 한 침대에 누워서 자장가를 불러 주세요. 궁뎅이를 토닥거리면서 계속! 아이들은 아빠의 저음을 좋아한답니다. 그래도 미친 듯이 울어젖힌다면? 그럼 뭐, 안아 줘야죠.

우는 이유를 아무리 해도 모르겠다 싶으면 체온계로 체온을 꼭 재 보세요. 온도의 변화가 없다 싶으면 아이들과 놀아 주세요. 저희 집 아이들은 책을 좋아해서 자주 읽어 줍니다. 성대모사를 동원해 정말 아주 재미있게 읽어 주는 겁니다. 마치 아이 바로 옆에 여우나 호랑이가 있는 것처럼! 동물로 변신해 보세요. 아빠들도 할 수 있어요! 부끄럽겠지만, 처음이 어렵지 하다 보면 아빠들도 재미있어요.

만약 '난 정말 어떻게 놀아줄지 모르겠다' 싶으면 뽀로로 음악이나 애니메이션 등을 틀어 주세요. 어쩔 수 없어요. 아이의 울음이 길어지면 길어질수록 아빠는 불안해지고, 아기 또한 울음을 그치기 어려워지니까요. 뽀통령 최고!

이렇게 세 살 미만의 아이를 돌보는 것은 무척 힘듭니다. 비록 아이가 울고 있어도, 아내에게는 노는 동안 안심하도록 '밥 먹고 잔다'고 문자메시지를 보내 주세요. 아내의 전화

이보다 더
집중할 수 있을까요!

두 아이가
내 손에!

는 될 수 있으면 받지 마세요. 얘기하다 보면 아내는 당장 뛰쳐 들어오고 싶고, 반대로 남편은 당장 뛰쳐나가고 싶으니까요.

아빠들이여! 딱 하루만 잘 돌봐 주고 생색냅시다. 중간에 아내가 돌아오게 되면 고생은 고생대로 하는데, 아내의 스트레스는 풀리긴 커녕 두 배가 되니까요. 하하하. 이럴 때마다 저는 '아내가 집에 돌아왔을 때 저까지 셋 다 자고 있으면 얼마나 좋아할까?' 하면서 고군분투를 합니다.

이렇게 하면 낮 시간은 LTE 속도로 빠르게 지나갑니다. 밥도 잘 먹이셨으면 이제 씻겨야죠? '아기 목욕은 너무 힘들 것 같다'라고 생각이 들 때는 목욕… 시키지 마세요. 손발, 그리고 이만 씻고 닦아 주세요. 그것도 힘들다 싶으면 하지 마세요. 하루쯤 안 시켜도 됩니다. 저 지금 진지합니다!

일단 많이 놀아 주고 잘 재우는 것이 우선입니다! 저처럼 세 살 미만 아이가 두 명일 때는 '멀티'가 어려우니 사고를 많이 치는 아이는 잘 '격리'시켜 두거나 애니메이션을 꼭 틀어주세요.

말은 쉽지만 막상 하면 어려울 거예요. 아빠가 아이들과 놀아 주는 건지, 아이들이 아빠랑 놀아 주는 건지. 저 또한 정말 정말 힘들었으니까요! 하지만 언제 엄마 없이 우리 아이들과 놀아 주고 밥 먹이고, 목욕시키고, 재워 주겠습니까.

밖에서 정말 힘들게 일하는 아빠들, 스트레스도 엄청 받는 아빠들, 먹기 싫은 술을 어쩔 수 없이 먹어야 하는 아빠들, 그렇지만 우리 아이들을 보면 힘듦도 눈 녹듯 다 사라져 버리는 게 또 아빠 아니겠습니까! 행복해 하는 아내 얼굴을 보며 '내일 또 열심히 살아야지' 하며 달리는 아빠들은 정말 '미친 슈퍼맨'들입니다!

어려울 때나 힘들 때, 아내가 건네는 위로의 말이 어찌나 큰 힘이 되던지요. "여보 힘내! 괜찮아, 우리 식구 잘 살 수 있어. 돈 없으면 어때? 돈이란 게 있다가도 없는 거지 뭐. 당신이 좋아하는 일해! 그럼 우린 행복한 거야!" 등의 위로와 격려의 말을 들을 때면 정말 슈퍼맨이 된 듯합니다. 이 각박한 세상, 험난하고 무서운 세상, 두려운 세상으로 용기 있게 나갈 수 있는 힘은 바로 가족이 내 옆을 지켜 주기 때문에 나옵니다.

"자신을 믿어 주는 사람이 있을 때 가장 힘이 됩니다."

우리는 그 힘으로 세상을 살아가는 겁니다.

오늘의 행복은 혼자서도 만들 수 있지만, 내일의 행복은 옆의 가족이 없으면 만들 수 없습니다. 그렇다면 오늘도 수고한 멋진 아빠들을 위해 엄마들이 맛있는 안주 하나 만들어 주시는 것 어떠신지요? 아니면 양꼬치엔 칭따오?

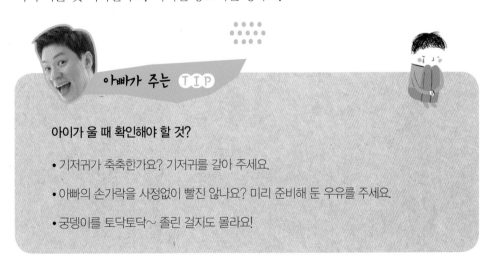

아빠가 주는 TIP

아이가 울 때 확인해야 할 것?

• 기저귀가 축축한가요? 기저귀를 갈아 주세요.

• 아빠의 손가락을 사정없이 빨진 않나요? 미리 준비해 둔 우유를 주세요.

• 궁뎅이를 토닥토닥~ 졸린 걸지도 몰라요!

제 그림책 친구는
12명이나 되는데요?

제가 제일 좋아하는 건
소리소리 괴물이에요!

　새로운 언어를 배우는 것도 참 어려운데, 아무것도 모르고 태어나는 아기들은 어떻게 말을 배울까요? 요즘 들어 아이들이 자주 책을 읽어 달라고 합니다. 그러면 저는 또 기쁜 마음으로 책을 읽어 주죠. 큰 아들 한성이가 책을 들고 와서 "아빠~ 책 읽어 주세요" 하면 어찌나 기특한지요. 요즘엔 재미있는 책들도 참 많죠?

　저는 항상 아이가 동화 속에 있는 것처럼 느끼도록 성대모사를 곁들여 최선을 다해 책을 읽어 줍니다. 동화책 한 권을 읽어 주고 나면 솔직히 기진맥진이 되곤 합니다. 목도 좀 아프고요. 하지만 제가 또 직업이 배우잖아요! 최선을 다해야죠.

　그런데요…. 동화책 종류가 참 많더라고요. 동물 소리는 어떻게든 하겠는데 바윗돌 굴러가는 소리, 기차 소리는 어떻게 하죠? 뿐만 아니라 동화책 속에서는 비행기가 갑자기 말을 하기도 합니다. 허허. 요즘 비행기들은 참 힘들겠더라고요. 이렇게 고생해서 책을 읽

어 주면 아이는 제가 집에 없더라도 책 속 그림을 보며 한없이 책을 바라본다고 해요. 글도 모르는데 제 목소리를 상상하면서요. 심지어 따라하기도 한다고 합니다. 그만큼 책 읽어 주는 게 중요한 거죠. 아이들의 이런 모습을 볼 때마다 책을 더 잘 읽어 줘야겠다는 생각이 듭니다.

그렇다면 대체 어떻게 읽어 주는 게 '잘' 읽어 주는 걸까요? 아이들에게 동화책 잘 읽어 주는 법! 제가 또 배우지 않았겠습니까. 저를 믿고 일단 따라오시면 됩니다!

"정확한 발음으로 책의 내용을 전달해 주세요."

가장 중요한 거죠. 부모의 말을 통해서 아이들은 언어를 습득하게 되니까요! 하지만 그렇게만 읽어 주면 아이들이 쉽게 질리기 때문에 목소리를 계속 바꿔 줘야 합니다. 예를 들어 내레이션은 편한 아빠의 목소리로 하고, 캐릭터가 나오는 부분의 목소리만 변형시켜 주세요.

굵은 소리를 낼 때는 목젖이 밑으로 내려간다고 생각하며 소리를 만들어 봅니다. 자,

정상훈의 책 읽기용 목소리.
어떠세요? 제가 보기에도 웃겨요.
영상을 찍어 준 아내도 웃겨서
손이 부들부들~

부끄러워 말고 따라해 보세요! 이런 소리는 곰, 사자, 호랑이 등 크고 묵직한 동물들을 흉내 낼 때 사용하는 것이 좋습니다.

얇은 소리를 낼 때는 마치 헬륨 가스를 마신 것처럼 코에다가 모든 소리를 올린다고 생각하세요. 매미 소리를 낸다는 느낌으로 내보는 겁니다!

이런 기본적인 방법을 조금만 응용하면 여러 가지 캐릭터를 흉내 낼 수 있습니다. 물론 처음 하시는 분들은 많은 연습이 필요합니다. 저도 처음엔 힘들었습니다. 하지만 이렇게 하면 아이들의 언어 습득력이 좋아지고, 아이들과의 유대관계에도 좋으니 연습 또 연습! 처음이 힘들지 하다 보면 정말 재미있습니다.

책을 읽을 때는 먼저 이야기가 펼쳐지는 바로 그곳에 있다고 상상해 보세요. 그래야 캐릭터가 살게 됩니다. 진짜 곰인 것처럼, 여우인 것처럼, 개구리인 것처럼, 할아버지인 것처럼…. 그러면 자연스럽게 목소리가 나올 것입니다. 이것만 잘하면 아이들에게 120점 점수를 딸 수 있어요! 부작용이 있다면 만~~~~~날 읽어 줘야 한다는 거?

아이가 말을 안 들을 때나 아파서 병원에 가야 하는데 용기가 필요할 때, 아이가 좋아하는 책 속의 캐릭터가 돼 이야기해 주면 희한하게 듣곤 하죠. 아빠 말은 무시해도요.

그리고 이건 저만의 팁인데 충치 괴물 연기만 잘 한다면 양치질 정도는 쉽게 시킬 수 있습니다. "너 자꾸 말 안 들으면 충치 괴물이 잡아 간다!"라고 말하면 떼쟁이가 울음을 뚝 그치거든요.

그래서 전 많은 괴물 캐릭터를 만들었습니다. 아이들이 소리 지를 때는 '소리소리 괴물,'

방방 뛰어서 층간소음이 걱정될 땐 '쿵쿵이 괴물' 등…. 이렇게 괴물 친구를 12개 정도 만들어 돌려쓰고(?) 있습니다.

엄마 아빠가 칭찬해 주는 것도 중요하지만 아이가 좋아하는 괴물 친구가 칭찬해 주거나, 화를 내면 좀 더 쉽게 이해하는 것 같습니다. 앞으로 시간이 조금만 더 지나면 "아빠 유치해" 하겠죠?

이제 한성이는 동생 한음이에게 자신만의 동화를 들려줍니다. 책이 없는데도 말이죠. "옛날옛날 한성이랑 한음이가 살고 있었어요"라고 시작하는데, 어찌나 기특하던지요.

아이들의 머릿속은 티 하나 없는 새하얀 도화지와 같습니다. 그래서 아이들은 스펀지처럼 뭐든지 쫙쫙 흡수해 버려요. 우리 아이들은 부모가 하는 말을 아무런 필터 없이 듣고, 그것이 좋은 말인지 나쁜 말인지 모른 채 배웁니다.

"좋은 밑그림을 그려 주는 것이 바로 부모의 역할 아닐까요?"

책을 읽어 줄 때 아이에게 좋은 말들도 함께 알려 주는 거죠. "안녕하세요" 인사하기부터 "너는 할 수 있어"라는 용기를 심어 주는 말, "죄송해요, 미안합니다" 하는 사과, "사랑해요"라는 따뜻한 마음이 담긴 말까지….

아이들의 올바른 생활 습관과 정서를 키우는 방법 중에 돈이 가장 적게 드는 것이 바로 책 읽어 주기라고 생각합니다. 또 언어 교육은 반복이 가장 중요합니다. 책을 반복적으로 읽어 주면 아이들이 언어도 배우고 부모와 유대관계도 형성하니, 일석이조죠. 얼마나 좋습니까! 굳이 책이 아니더라도 가능한 많은 시간 아이와 대화하세요.

말이 얼마나 중요한지 다들 잘 알고 있을 겁니다. 말 하나로 용기를 얻고, 슬픔은 반으

로 나누며, 함께 있는 사람을 행복하게 만들기도 합니다.

　이런 중요한 말의 힘을 아이들에게 재미있게 알려주고 싶다면 지금 당장 책을 들고 아이에게 달려가 보세요! 저보다 휘어어어어얼씬 잘 하실 거라고 믿어 의심치 않습니다.

아빠가 주는 TIP

아이가 밤에 잠이 안 온다고 투정부린다면?

아이들이 신기해 하는 마술, 동요 등을 많이 알고 있어야 합니다. 전 그중에서도 밤에 특히 유용한 그림자 동화 놀이를 추천하고 싶어요! 동화책 주인공은 다들 아시다시피 늑대나 돼지, 토끼 등 손그림자로 만들 수 있는 동물이 많잖아요! 핸드폰 플래시만 켜도 충분히 즐길 수 있습니다! 손그림자 놀이로 아이들에게 '입체 동화책'을 만들어 주는 거죠. 지금 저희 아이들은 무엇보다 동화책 주인공들과 대화 나누는 걸 좋아해요! 아이들이 좋아하는 동물 그림자를 만들어 주면 정말 재미있게 말을 시키더라고요. 같은 동화책이라도 다양한 레파토리로 읽어 줄 수도 있고요.

아내와 같이 그림자를 만들어 주면 등장인물이 많아져서 더 좋아해요. 여기서 팁! 원근법을 이용해서 코끼리, 기린 같은 큰 동물은 불빛 앞쪽에서, 토끼, 여우 같이 작은 동물은 불빛과 먼 곳에서 만들면 더 큰 재미를 줄 수 있습니다.

♥ 피망 친구가 생겼어요

피망, 이제
두렵지 않아요!

"먹을 것 갖고 장난치는 거 아냐!"

아마 어린 시절 가장 많이 들었던 말 중 하나일 것입니다. 먹거리는 소중하고 귀한 것이기에 잘 다뤄야 한다는 의미입니다. 특히 옛날에는 음식이 정말 소중한 것이었죠. 지금도 어려운 이웃들이 있으니, 여전히 소중히 다뤄야 하는 것이 맞습니다.

때문에 육아를 하는 입장에서 아이들이 먹거리와 친해지지 못하면 참 난감하죠. 양파, 당근, 피망, 버섯, 가지 등 몸에 좋은 음식을 아이들에게 먹이고 싶지만 그러지 못하니 얼마나 답답한지….

첫째 한성이의 경우, 야채를 크게 썰어 주면 그렇게 뱉어 내더라고요. 조금이라도 식감이 이상하다 싶으면 자동적으로…. 밥 속에 버섯을 숨겨도 보고, 맛있게 만든다고 MSG

와구와구

를 듬뿍 넣어도 봤지만 신기할 만큼 빨리 알아채더라고요.

아이가 아니라 다른 사람이라면 '자기가 배고프면 먹겠지'하고 기다렸겠지만 어디 엄마 아빠 마음이 그러겠습니까. 어떻게든 먹여 보려고 노력하죠. 가끔 무언가에 정신이 팔렸다 싶으면 이때다 싶어 입 속으로 넣어줄 정도입니다.

그런데 이게 집에서만 그러는 게 아니라는 거죠. 어린이집에서도 점심시간마다 야채를 뱉어 낸다는 이야기를 들으니…. 매일 아이가 좋아하는 볶음밥과 고등어만 줄 수도 없는 노릇이고요. 그러다 뽀로로의 '야채 삼총사'라는 노래를 듣고 문득 아이가 야채, 과일과 친해질 수 있도록 의인화해 보면 어떨까 생각해 봤습니다. 제가 할 일이 없어서 그런 건 아니고요. 하하하. 안 되면 말고요.

그래서 먼저 피망을 사서 매직으로 얼굴을 그리고, 아이와 놀아 줬습니다. 초반 반응은 시큰둥했어요. 그러나 포기할 수 없다! 당근에도 얼굴을 만들어, 아이가 좋아하는 옛날이야기를 시작했습니다. 아이 둘 다 흥미진진하게 듣기 시작하더군요. 저는 속으로 이렇게 생각했죠.

당근
친구

피망
친구

'이렇게 야채와 계속 친하게 해 주면 잘 먹겠지? 일주일만 꾸준히
해보자. 도전!'✳

그날 이후 매일 피망&당근 쇼를 보여 줬습니다. 나중에는 끝나고 먹어야 하니 눈알 스
티커나 단추 등으로 눈을 만들기도 했죠.

일주일 뒤, 슬쩍 피망이 들어간 야채 볶음을 했습니다. 두둥. 우리 아들이 과연 먹어 줄
것인가! 그렇게 노력했는데 수포로 돌아가는 건 아닐까?

"한성아 이게 피망이야" 하자 한성이는 "피망 친구, 피망 친구"를 연신 외쳐댔습니다.

오케이, 좋았어! 자, 이제 한번 먹어 보자!

따끈따끈한 밥 위에 피망볶음을 얹어 줬습니다. 그리고 한성이의 입에 쏘~옥 별 거리
낌 없이 우적우적 씹기 시작했습니다. 곧 '와삭' 피망이 씹히는 소리가 들렸어요. 저는 재
빨리 "친구야~ 피망 친구"라고 말했고, 한성이는… 다 뱉어 냈습니다.

띠로리~ 띠롤릴로리~

일주일 동안 교육시킨 것이 어찌나 억울하던지요. 얼마나 많은 피망과 당근 친구들이 내 입 속으로 버려졌는데! 본전 생각도 나고…. 하하하. 얼마 뒤 당근을 줬을 때도 똑같이 다 뱉어 냈죠.

가끔 전 이런 생각을 합니다. 한성이가 나를 갖고 노는 게 아닐까? 다 알고 있으면서 나를 조종하는 것인가! 제 마음 공감하는 분들 계시죠? 어쨌든 제 노력은 그걸로 끝이 났습니다. 그래도 이제는 조금만 잘게 썰어 줘도 '피망 친구'라고 하면 꿀꺽 삼키기도 합니다. 무엇보다 요리를 하고 있으면 피망을 보고 "피망 친구다"하며 먼저 아는 척을 합니다. 싫어하던 야채와 친해진 건 분명합니다. 노력의 결과죠! 이제 피망이 괴물이 아닌 걸 알았으니 맛있게 먹을 날도 얼마 남지 않았다고 생각합니다.

사실 제가 피망을 먹이려는 노력을 그만 두게 된 건, 좋은 걸 먹이려는 욕심 때문에 오히려 아이들이 스트레스를 받지는 않을까 하는 걱정 때문이었습니다. 몸에 좋은 음식을 억지로 먹이는 것과 스트레스 없이 지내는 것 중에 더 좋은 것은 무엇일까요?

제가 어느 것이 더 좋다 나쁘다 말할 수는 없지만, 한 가지 확실한 것은 '도대체 무슨 고민이 있을까' 싶은 아이들도 나름대로 스트레스를 갖고 있다는 것입니다.

아기들에게도 스트레스가 쌓입니다. 어른들과 똑같이요. 스트레스 쌓이는 이유는 다를 지언정 고통의 정도는 같다고 합니다. 그래서 둘째 한음이도 형에게 장난감을 뺏기면 그렇게 소리를 지르는 거겠죠.

둘째는 가끔 잠꼬대도 합니다. 낮에 형에게 장난감을 뺏겼을 때와 똑같은 울부짖음으로요. 어찌나 귀여운지 잠꼬대를 듣고 있자면, 형 한성이도 같이 잠꼬대를 합니다. "내꺼야!" 하면서요. 그때마다 생각합니다. 인간이 세상에 태어나 숨쉬기 시작하는 순간부터 스트레스가 쌓이는 것이 아닐까?

그렇다면 스트레스를 어떻게 안 받게 할 수 있을까요? 전 최대한으로 순수하고 일차원적인 느낌을 아이들에게 전달하는 것이 맞다고 생각합니다. 아이와 같이 노는 것 자체도 중요하지만 어떻게 놀아 주느냐도 중요하죠.

"자연을 접해라, 그리고 어울려라."

생각해 보건데 저의 어렸을 적 기억 중 상당 부분이 바로 자연과 접촉한 순간이었습니다. 장미를 처음 만졌을 때, 물고기를 처음 만졌을 때, 그리고 할머니가 포도주를 만드신다고 해서 발을 깨끗이 닦고 고무대야 속에 담긴 포도를 밟았던 때가 기억납니다. 발가락 사이사이로 들어오는 포도알의 느낌이 정말 정말 재미있었죠. 이 추억이 아직도 생각이 난다는 것은 그 촉감 때문이겠죠?

또 집에서 쿠키 반죽 하기, 두부 손으로 으깨기, 밀가루를 던지며 촉감 느껴 보기 등을 (물론 집안은 난장판이 되지만) 아이들이 참 좋아합니다. 스트레스를 날리기에도 좋은 방법인 것 같아요.

이렇게 아이들의 스트레스를 해결할 수 있는 근본적인 방법은 아이들과 잘 놀아 주는 것이라고 생각합니다. 사실 '잘 놀아 주기'가 우주 통틀어 가장 힘들지만 다만 아이가 놀이의 주체가 돼야겠죠. 아이가 노는 방식을 이해하기 시작하면 놀이는 더 재미있어집니다.

여보세요~~?

부스럭 부스럭
비닐 만지기도
놀이가 돼요~

결국 인간의 인성을 만드는 것은 몸에 건강하다는 음식을 엄청나게 먹는다거나 하는 '물질적인 방법'이 아닌 것 같습니다.

우리 아기가 웁니다. 떼를 쓰고 보챕니다. 엄마는 너무 짜증이 납니다. 아기에게 화낼 수 없는 아내는 저에게 화를 냅니다. 그럼 저도 참다 참다 화를 냅니다. 그 소리에 다시 아기가 웁니다. 아내는 다시 저에게 짜증을 부리고 결국 전 집을 나갑니다. … 이게 아이가 스트레스 받았을 때, 저의 가상 시나리오입니다.

결국 내가 살려면 아기가 스트레스를 받지 않게 만들어야 합니다. 그럼 잘 놀아 주는 것이 최고인데, 언제나 간당간당한 이 아빠의 체력은 한계가 있지 않습니까? 하지만 아이들이 "아빠"하며 달려 오면 그 모든 스트레스가 신기하게도 전부 날아가는 것처럼 느껴집니다. 물론 5분만 놀아 주면 모든 생각이 원점으로 돌아가지만, 아이들의 미소는 저를 정화시킴이 맞습니다.

개그맨 정성호 씨한테 "힘 들이지 않고 빠른 시간 안에 아이를 만족시키도록 놀아 주는 방법이 있을까?" 하고 물어본 적이 있습니다. 그러자 무조건 '방방이'를 사라고 하더라고요. 그래서 당장 하나 장만했습니다. 물론 집 정중앙을 떡하니 차지하긴 하나, 아이들

이게 바로 방방이!

의 지칠 줄 모르는 체력을 당해내기엔 이 방법이 최고더라고요. 매일 이렇게 꼼수만 생각하는 아빠입니다.

아빠들이여, 아이가 울기 시작하면, 결국 당신도 울고 싶어지는 것 잘 압니다. 하지만 어쩔 수 없다는 것도 잘 아시죠? 그렇다면 그냥… 희생하세요. 방전된 체력을 애써 끌어모으며, 한 쪽 눈에선 눈물이 흐르고 있어도 행복하다며 자신에게 마법을 걸고 있는 아빠들에게 양꼬치와 시원한 맥주 한 잔을 권합니다!

아빠가 주는 TIP

아이가 싫어하는 야채를 가져다 눈을 그려 봅시다. 간단하게 눈알 스티커를 사다가 붙여도 좋고요. 화난 표정, 웃는 표정 등! 표정이 다양할수록 진짜 살아 있는 친구처럼 느껴지겠죠?
그리고 이야기를 시작해 봅시다. "옛날옛적에 피망과 당근이라는 아이가 살았어요~"

Part 4

행복한 날, 특별한 날

★

특별한 그 날,
현명하게 보내기

♥ 태어난 지 100일, 1년!

내 생일
축하합니다~

"생일 축하합니다!"

노랫소리가 울려 퍼지고 많은 사람들이 함께 축하해 주는 아이의 첫 생일잔치. 아이가 이 세상에 태어난 뒤 처음으로 겪는 최대의 행사, '엄마 잔치'라고도 할 수 있죠. 돌잔치는 보통 5~6개월 전부터 고민을 시작하게 됩니다.

아! 그 전에 백일잔치가 있군요. 저희 집은 첫째 백일잔치를 집에서 백일상과 음식을 차려 놓고 가족들과 식사하는 자리로 만들었습니다. 백일상 고르기도 쉽진 않더라고요. 아내와 같이 몇 날 며칠을 인터넷으로 검색했는지 모릅니다. 결국은 전통식으로 했죠.

백일 사진은 제가 찍었습니다. 저는 어릴 때 홀딱 벗은 '누드 사진'을 찍었기에 우리 아이 도 벗길까 했지만 아내가 '어허!'라고 하는 바람에….

요즘은 셀프스튜디오에서 아이들 사진을 많이 찍더라고요. 그래서 저 또한 도전하기로

직접 찍은
한성이 백일 사진

했죠. 저의 취미가 사진 촬영이기도 하거든요. 또 다시(!) 아내의 만류에도 불구하고 스튜디오를 시간당 3만 원에 빌렸습니다. 그리고 우리 아이와 친구 아이, 이렇게 둘을 찍겠다는 부푼 포부를 갖고 셀프 스튜디오에 도착했습니다.

옷을 고르고, 사진 콘셉트도 이야기하며 순조롭게 시작하는 듯 했습니다. 그러니까 '어른들'은 모두 들떠 있었죠. 제일 들떠 있는 건 뭐니 뭐니 해도 저였습니다.

하.지.만.

우리 모델들은 너무 너~무 지쳐 있더라고요. 그래서 우리 아기는 두 번째로 찍기로 하고 친구 아이부터 찍는데… 일단 웃질 않습니다. 옷도 예쁘고 다 좋은데 애가 웃질 않는 겁니다!

그렇게 불안한 예감을 품은 채 두 번째 모델, 우리 아이 촬영이 시작됐습니다. 이런, 계속 웁니다. 막 울어요. 그치질 않더군요. 달래 봐도 그냥 계속 웁니다.

우유도 먹이고 잠도 재워 봤지만 둘 다 컨디션이 최악인 듯싶더라고요. 4시간 동안 결국 사진 한 장 못 건졌어요. 돈만 날리고 끝났죠. 그렇게 '멘붕'을 겪고 알게 됐어요. 사진은 아이의 컨디션을 얼마큼 잘 맞추느냐가 관건이더군요. 그리고 깨달았습니다.

"아기 사진은 무조건 짧은 시간 안에, 너무 욕심 부리지 않기, 최대한 빨리 옷 갈아입히기!"

결국 전 아내에게 다시 한 번만 기회를 달라고 사정사정했습니다. 그리고 전날 잠도 푹 재우고, 우유도 많이 먹고 해서 최상의 컨디션 조절에 성공! 30분 만에 다 찍고 철수하는 쾌거를 거뒀습니다.

전문가의 손길과 비교할 순 없지만 저희에겐 아주 만족스러운 사진이 나왔어요! 일단 오래 찍으면 안 되더라고요. 아이들이 빨리 지치거든요. 그리고 아빠는 어떤 콘셉트로 찍을지 머릿속으로 미리 그려 놓는 것이 중요합니다.

마지막으로 아기가 카메라 쪽을 잘 응시할 수 있도록 장난감, 비눗방울, 피리 등을 엄마에게 줘서 열심히 흔들게 해야 합니다. 이게 바로 부부 팀워크죠! 여기에서 포기하시는 아빠들이 많을 겁니다. 하지만 이렇게 찍어 놓으면 정말 뭔가 뿌듯하더라고요. 아빠가 줄 수 있는 첫 선물!

백일은 잘 끝내고 나니 이제는 돌잔치가 다가왔습니다. 정말 만만한 일이 아니더군요. 먼저 돌 촬영 업체부터 찾아봤습니다. 셀프로 찍을 수도 있지만 가족사진을 포기해야 할 것 같아서 대신 우리 가족과 잘 맞는 촬영 업체를 찾았죠. 이렇게 자신이 할 수 있는 일과 돈을 주더라도 다른 사람에게 맡기는 것이 좋은 일을 빨리 구분하는 게 좋습니다.

그런데 이것 또한 일이더군요. 너무 마음에 들면 비싸고, 저렴하면 저희 스타일이 아니고요. 참 고르기 힘들더군요. 그래서 저흰 가까운 곳을 포기하고 좀 먼 곳을 선택했습니다. 사진도 잘 찍고, 가격 또한 마음에 들더군요. 엄청 친절하시고요. 일단 셀프가 아니니 너무 편하더라고요. 친절한 작가님들의 노고 끝에 사진 찍기는 금방 끝이 났습니다.

이건 셀프 스튜디오에서 직접 찍은 사진, 오른쪽은 전문가님들이
찍어 준 사진입니다. 비교할 순 없지만 저희 부부에겐 만족스러운 사진이 나왔답니다!

자, 이제 돌잔치 할 곳을 선택할 차례! 정말 막막했어요. 일단 지인들의 소개로 맛있는 집부터 가 보기로 했죠. 미팅을 해보니 맛있으면 비싸고, 맛없으면 거리가 멀고 등 마음에 드는 곳을 찾기가 참 어렵더라고요. 그래서 전 뷔페를 선택했습니다. 실패 확률이 가장 적으니까요.

일단 먹어 봐야 하는데 먹어 보려면 돈을 내라고 해요. 맞는 말이죠. 제가 '먹튀'하면 얼마나 손해겠어요. 그래서 지인 말을 믿고 진행할 수밖에 없었습니다. 대신 뷔페 비주얼을 봤죠. 제가 요리를 좋아해서인지 도움이 됐어요.

어렵게 업체를 선정하니 남은 건 아기 성장 동영상, 당일 입을 의상, 돌 답례품, 돌잡이 이벤트 선물, 돌잔치 모바일 카드, 돌잔치 스냅 등등 진짜 '토 나와요'. 하하하. 그러니 꼭 미리미리 준비하세요!

돌 영상 만들기도 쉽지 않더라고요. 만들어 주는 업체를 선택해도 소스는 줘야 하니, 1년 동안 찍은 사진과 영상을 모조리 뒤져야 했습니다. 삼 일 밤낮을 새우게 만든다는 사

궁금해 하실 분들을 위해
한성이의 돌 영상,
공유합니다.

실! 이건 꼼수가 없으니 열심히 뒤지는 수밖에 없죠. 그러니 아빠들! 조금 번거로워도 사진과 함께 영상도 많이 찍어 두세요! 짧게라도요. 나중에 보면 훨씬 생생하게 기억날 뿐 아니라 이렇게 쓰일 곳도 많답니다.

다음은 돌 답례품! 이건 또 어째야 할 것인가! 종류가 너무 많으니 오히려 무엇을 해야 할지 막막하더라고요. 중요한 날이고, 오시는 분들 모두 소중하니 신중해지더라고요. 그래서 이것 또한 지인들에게 많이 물어봤죠. 이미 경험한 사람들에게 물어보는 것만큼 실패 확률과 생고생을 줄일 수 있는 확실한 방법이 없는 것 같습니다.

첫째 한성이의 경우엔 돌 답례품으로 고민 끝에 물비누를 선택했습니다. 수건이나 소금 등 다양했지만, 가장 실용적이라고 생각했기 때문입니다. 일 끝나면 집에 와서 아내와

직접
포장
했어요!

▶ 황정민 형님과 함께~

둘이 200여 개의 답례품을 포장했던 기억이 납니다. 수작업으로 하나하나! 그 결과 저희 가족들도, 손님들도 만족스러운 돌잔치가 됐습니다.

"돌잔치 1주일 전부터는 아기 컨디션 조절하는 게 가장 중요해요."

엄마 아빠의 잔치이기도 하지만, 어디까지나 주인공은 아기니까요. 돌잔치 시간에 기분 좋게 깨어 있을 수 있도록 생활리듬을 조정하고, 그 전에 충분히 재워야겠죠?

또 돌잔치 당일 엄마 아빠는 정말 많은 분들과 인사, 악수하게 될 겁니다. 한 손에는 아기를 안고 말이죠. 허허허. 이때가 가장 힘들죠. 불편한 정장에 아기까지 안고 있으니 미리 운동 좀 해 두시는 게 좋다는 것이 아빠들을 위한 팁이라면 팁입니다. 이건 솔직히 다른 방법이 없어요.

이렇게 행사가 끝나면 집에 돌아와 에너지가 전부 방전된 채로 식구 모두 코를 드르렁 드르렁 골며 잠에 빠지죠. 백일, 돌잔치에 대한 다시 기억을 떠올려 보니, 아이고~ 참 좋은 추억이었죠. 다시 돌잔치를 하면 어떻겠냐고요? 으아아아아아악! 오해하지 마세요. 조… 좋아서 그런 거니까요.

 아빠가 주는 TIP

돌잔치 '당일' 아빠의 마음가짐

- 돌잔치의 주인공은 아이임을 잊지 마세요.
- 혹시 계획대로 진행이 안 되는 부분이 있더라도 너무 스트레스 받지 말고, 손님들과 '잔치'를 즐겨 보세요.

♥ 엄마 아빠랑 피크닉 하러 가요

놀러 간다,
야호!

여름이 다가올 때마다 '일년에 단 한 번 뿐인 휴가, 어떻게 하면 잘 놀다 올 수 있을까?' 하고 매일 고민하실텐데요. 저 또한 마찬가지였습니다. 하지만! 아이가 둘이니 쉽게 엄두가 나지 않았죠. 그래도 휴가는 가야 하기에 이런 생각을 했습니다.

"무조건 출발하자, 가서 고생하더라도 집보다는 나을 거야."

아이 둘을 커버하면서 밖에서 재미나게 놀기, 과연 이게 가능한 일일까요? 네! 가족들과 전 외출이나 여행을 많이 하는 편입니다. 그리고 힘들더라도 재미있게 즐기고 오려고 노력하는데요. 이게 참 쉽지가 않아요.

첫 아이 때는 참 많이도 다녔습니다. 하… 하나라서요. 하하하. 동해 주문진항부터 가평 펜션, 온천 등 참 많이 다녔는데 둘째가 생기고 나서는 주로 아내의 친정식구들 사이

에 껴서 다녔죠. 물론 불편한 면도 있지만 가서 아이들도 돌봐 주시고, 식구들이 많다는 생각이 들어 어찌나 위안이 되던지요. 결혼을 한 후엔 가족을 제외한, 같이 가고 싶은 여행 파트너하고는 더 이상 못 간다, 절대 불가능하다는 사실을 알게 됐죠!

결혼하기 전에는 친한 친구와 제주도 올레길, 설악산 대청봉, 지리산 등 참 많이도 다녔습니다. 전국 일주로 거의 한달을 잡고 돌아다닌 적도 있죠. 하지만 결혼 후에는, 정확히 말하면 결혼 후 아이가 태어난 시점부터는 '놀러가기'가 겁나니 말입니다.

아기 컨디션 생각은 늘 하는 거고, 황사 때는 먼지 걱정, 사람 많은 곳에 가면 감기라도 옮을까 하는 걱정에 시장이나 마트도 고민해 보고 갔습니다. 아마 다들 비슷한 경험이 있으실 겁니다. 메르스처럼 큰 병이 돌기라도 하면 어쩔 수 없이 집에 있어야 합니다. 저는 일이라도 하지 아내는 집에서 얼마나 아이들과 답답할까요. 그럴 때는 특히 놀러가기 불가능이라고 봐야죠.

오랜만에 나들이라도 가려고 마음을 먹고, 가까운 공원을 장소로 찜한 뒤 짐을 싸기 시작할 때도 웬걸요, 아기 짐이 이렇게 많을 줄이야! 짐 싸는 데만 30분 이상 걸립니다.

도착한 뒤에도 젖병을 안 가져 왔다든지 기저귀를 못 챙겼다는 사실을 알게 된다면 공원 놀이는 다음으로 기약하고 집으로 돌아올 수밖에 없죠. 하지만 그냥 돌아 오냐? 아니죠. 남편이 아내에게 한 마디를 꼭 던집니다.

"아니, 도대체 뭘 챙긴 거야!"

그러면 집에 갈 때까지 아기 울음소리만 날 뿐, 아내 얼굴에는 어둠이 찾아오고 말은 사라지죠. 이렇게 나가서 기분전환까지 하기란 정말 힘듭니다. 그래서 엄마들은 모든 시설이 완벽하게 준비돼 있는 놀이방을 주로 가게 되나 봅니다. 그곳엔 정말 별 게 다 있죠. 실내 공간이지만 아이들이 안전하게 놀기 최고임은 틀림없습니다.

하지만 가끔 저기 멀리 가평 펜션에서 계곡물에 수박을 넣어 놓고, 시원한 계곡물에 발 담그고, 두꺼운 목살이 지글지글 익어 가기를 기다리고, 이가 시릴 정도로 차가운 가평 막걸리로 아내와 건배하고, 아이들과 신나게 뛰어다닐 생각을 하면 지금 당장이라도 집에서 뛰쳐나가고 싶습니다. 하지만 이렇게 가기 위해선 완벽한 계획을 짜야 합니다.

먼저 언제 출발해야 아이들이 차에서 안 보채고 잘 수 있는지 위치와 시간을 정확히 계산해야 합니다. 장소가 야외라면 추울 수 있으니 두꺼운 옷은 필수죠. 그리고 아이들이 가지고 놀 만한 장난감과 혹시 모를 일을 대비한 비상약 등을 준비해야 해요. 아이들 이유식이며 목욕용품, 로션 등도 챙기고요.

가만 있어 보자. 이젠 뭐가 빠졌나…. 이렇게 생각하며 한참을 서 있게 됩니다. 짐을 보니 이사를 가는 게 빠르겠다는 생각이 들더군요.

아무튼 그렇게 한 트럭(?) 가득 짐을 싸서 차에 탔다면, 이제 어떠한 역경에도 즐거우리라는 굳은 마음으로 출발하면 됩니다. 그곳이 차로 4시간이 걸리는 곳이든, 비행기로 1시간이 걸리는 곳이든 준비만 잘하면 됩니다.

"마지막으로 챙길 것? 바로 마음가짐!"

내 자신을 잃어버린 채 껍데기만 여행을 간다면, 즉 아내에게 이끌려 어쩔 수 없이 간다면 얼마나 재미없겠습니까. 이왕 가는 거 재미있게 출발해 봅시다.

아빠들이여! 여행의 목적은 가족 모두가 행복해지는 것입니다.

아들 둘과의 여행, 뭐 쉽지만은 않죠. 멋진 마음으로 출발한다고 해도 우리에겐 수많은 역경이 남아 있습니다. 예를 들면 도착해서 짐을 풀고 고기를 굽기 시작하면 세상에 모기가…. 하지만 결국 방 안으로 들어와 김치찌개에 밥을 비벼 먹더라도 전 나가서 노는 게 더 좋다고 분명히 얘기할 수 있습니다. 힘들게 고생한 것도 좋은 추억이니까요. 시간이 지나면 힘든 일도 즐거운 추억이 되더라고요.

펜션을 갈 때는 환경이 비슷한 부부들과 같이 가는 게 좋더라구요. 의지도 되고, 무엇보다 돌아가며 아기를 보니 자유 시간도 쏠쏠하고요.

하지만 멀리 떠나지 못한다면 개인적으로 펜션보다는 한강변이나 캠핑장을 추천합니다! 한강시민공원은 다 좋은데 자전거가 쌩쌩 다닐 때가 많아서, 좀 안쪽으로 가서 놀아야 안전하고요. 한강 캠핑장은 평일에 가면 예약을 안 해도 바로 바비큐를 즐길 수 있고, 고기도 그 안에서 살 수 있습니다. 몇 가지 주의 사항만 잘 알아 두면 펜션 갈 돈으로 '긴급 상황 시 바로 철수'도 용이한 한강이 좋겠죠!

얼마 전에는 자전거 트레일러를 중고로 구입해서 아이들을 태우고 한강에 놀러 다녀왔습니다. 참 좋더군요. 자전거 트레일러는 2인용 유모차도 되는데다가 아이 둘을 태우고도 수납함까지 넉넉하니 참 좋더군요. 아내도 자전거 타는 걸 좋아해서 온 가족 모두가 함께 한 자전거 한강 피크닉이었죠.

그리고 여기보다 더 좋은 바비큐 장소는 노을공원인데요. 일단 아이들을 통제하기 좋아요. 넓은 들판이 쫙 펼쳐져 있고 특히 아이들을 풀어 놓아도 위험한 물건이 없어서 정말 좋더라고요.

단점이라면 사전 예약을 해야 한다는 것과 자가용은 주차해 놓고, 맹꽁이 열차를 타고 올라가야만 한다는 점입니다. 걸어 가긴 힘들어요. 짐을 모두 이고 지고 가야 하니 좀 힘들 수는 있지만 올라가면 결코 후회하는 일은 없을 겁니다. 굳이 바비큐를 즐기지 않더라도 소풍 개념으로 맛있는 음식들을 싸들고 정자를 찾아도 기분 좋은 외출이 될 거예요.

이것도 힘드시다면 아이들을 데리고 가까운 놀이터나 마트에 가서 놀아 주세요. 아이들은 먼 곳 가까운 곳 관계없이 외출이라면 좋아하니까요.

외출을 하면 무한 체력인 첫째 한성이가 가장 좋아하더군요. 한참 사정없이 뛰어 다닐 때에요. 나가서 뛰어 놀면 집에서 억제되던 아이의 감정도 분출되나 봅니다. 계곡이나 산에서 즐겁게 노는 아이 모습을 보면 참 보람차죠. 그래서 조금 힘들어도 그 많은 짐들을 챙겨서 또 이렇게 나오나 봅니다.

우리 모두는 경험에 의한 동물 아니겠습니까. 경험하지 않고 어찌 좋다 나쁘다 말할 수 있을까요? 허허허. 저도 아내와 아이들과 여러 가지 경험을 쌓다 보니 이런 글도 감사히 적을

밖으로만 나오면
펄펄 날아다니는 아이.
따라갈 수가 없네요~

수 있게 됐고요.

아무튼 시행착오도 하면서, 여행을 계속 하다 보면 결국 더 좋은 방향으로 가족과 같이 즐길 수 있는 방법이 나타날 겁니다. 그러니 시작 전에 포기하지 마세요. 그냥 한번 가는 거죠. '아이들이 자라면 그때 가지, 뭐'라고 생각하실 수도 있지만 지금은 지금의 추억이 있고, 미래에는 또 그때의 추억이 있습니다. 그러니 생각나면 먼저 지르세요!

어디든 떠나기만 하면 좋을 겁니다. 다들 안전 조심하세요!

아빠가 주는 TIP

이것만은 꼭! 나들이 준비물 체크리스트

- ☑ 날씨 불문 긴옷 1벌
- ☑ 이유식, 보리차 등 먹을거리와 음료
- ☑ 기저귀는 넉넉히!
- ☑ 아이들이 좋아하는 장난감 1~2개
- ☑ 비상약
- ☑ 그리고 무엇보다 중요한 '즐겁게 놀고 오겠다는 마음가짐'!

• "'도대체 뭘 챙긴 거야'에 부분에서 눈물날 뻔했어요"라는 댓글이 있었어요. 나들이 전 정신 없는 것은 당연하니, 서로서로 넓은 마음으로 이해해 주세요!

♥ 장거리 여행도 문제없어요!

아빠, 우리 데리고
이제 비행기도 탈 수 있어요?

　　제주도 가족여행을 다녀왔습니다. 듣기만 해도 설레는 제주도! 그런데 세 살, 두 살 아이들과 함께라면? 사실 아들 둘에게 제주도에 대한 기억을 남겨 주기는 무리겠죠. 아내와 저의 추억을 위해 떠나는 것이라고 하는 편이 맞을 겁니다. 그래도 '이것도 추억이겠지, 그래. 집에 있는 것보단 낫겠지, 뭐! 게다가 제주도잖아?' 싶더군요.

　　제주도? 사실 저는 아내와 결혼 전에 둘이 오토바이를 한 대 빌려 타고 제주 일주를 한 적이 있습니다. 지금도 그때를 생각하면 정말 즐거워요. 아내는 좋았을지 모르겠지만요. 자동차는 깊숙한 곳까지는 볼 수 없는데 비해 오토바이는 마음만 먹으면 깊숙한 곳까지 들어가 볼 수 있다는 점이 매력입니다. 단점은 위험하다는 것과 비가 오면 운전하기 힘들다는 거죠.

신나요~♪

이렇게 예쁘고 멋진 추억이 있는 곳인지라 제주도라는 이름만 들어도 설렜습니다. 바쁜 일상으로 정신없이 하루하루를 보내던 저와 육아로 지친 아내, 그리고 아이들⋯. 이렇게 우리 가족 넷이서 1박 이상의 여행을 떠나는 건 처음이었습니다. 그렇게 걱정 반 설렘 반의 마음으로 제주도를 여행지로 결정했습니다.

일단 비행기 예약을 하려고 보니, 비수기라 저가항공을 1인당 4~5만 원대에 예매할 수 있었어요. 예전에 외국의 누군가가 기내에서 사탕이 든 봉지를 나눠 준 것을 봤습니다. 그 안에는 손글씨로 "전 아직 한 살이 안 됐습니다. 혹시 제가 이륙할 때 깜짝 놀라 우렁차게 울 수도 있어요. 그때는 저희 부모님을 찾아 주세요. 귀마개를 드릴 겁니다"라고 적혀 있더라고요. 짧은 글이었지만 '정말 센스 있는 부모구나!' 하는 생각과 함께 나중에 아이랑 비행기를 탈 일이 있으면 꼭 준비하리라고 마음 먹었죠.

하지만 그렇게 하려고 하니 정말 일이더군요. 그래서 그냥 사탕만 돌려 볼까도 생각했지만, 안 되겠다 싶어 그냥 우리 아이가 울어 젖히면 자는 척 하는 걸로⋯. 하하. 장난입니다. 아내도 "국내선에서 사탕 돌리는 건 좀 오바야, 여보"라고 옆에서 조언하더라고요.

아이들의 첫 비행기 탑승 경험이 어땠냐고요? 너무 성공적이었죠. 일단 한성이는 비행기가 마냥 신기한지 "우와~ 우와~ 비행기다 비행기!"라고 연신 외쳤습니다. 비행기가 상공으로 올라갈 때 혹시 귀가 아프진 않을까, 무서워하진 않을까 걱정했지만 그저 즐겁게 잘 놀더군요. 참 다행이었어요.

"제주도 도착!"

아이가 두 명이니 렌터카는 카시트를 달 수 있는 넓은 것으로 선택했습니다. 아시다시피 아이들 짐도 엄청나잖아요. 그래서 승합차로 결정! 멤버십 할인을 받아 저렴하게 렌트를 했습니다. 차량과 함께 카시트 두 개를 대여해 주시더군요. 그리고 센스 있는 우리 아내는 공항에서 5분 정도 떨어진 곳에서 쌍둥이 유모차와 부스터(아이의 키에 맞춰 높이

아이들이 좋아하는
영상 많이 담아 가기!
카시트 등은 제주도에서!

를 조절할 수 있는 시트)까지 빌렸습니다. 요즘은 이렇게 따로 빌려 준다는 것을 처음 알았어요. 전 집에 있는 유모차랑 부스터를 모두 들고 가려고 했는데 말이죠. 하하.

차량 이동 시 아이들이 짜증을 낼 수 있으니 사탕도 준비하고, 스마트패드에 아이들이 좋아하는 애니메이션도 가득 담았어요. 이동 거리가 꽤 기니까요. 정말 만반의 준비를 하고 한 보따리 짐을 실어 숙소로 출발하는데 날씨가 어찌나 좋은지! 이때까지 기분이 정말 날아갈 듯이 좋았죠.

하.지.만. 어느새 점심시간! 아무래도 아이들이 있으면 좌식이 편하더라고요. 그러나 아이 둘을 데리고 음식점에서 음식 먹기는 쉽지 않은 일이죠. 특히 세 살짜리는 어후… 가끔 통제 불능 상태가 됩니다. 둘째 역시 잠깐 눈 돌리면 상 위의 뜨거운 음식에 화상을 입을 수도 있으니 각별한 주의가 필요하죠.

이번 여행에서 가장 정신없는 시간을 보냈던 것도 식사 때였습니다. 결혼 전에 감자탕집에서 아이들이 소리를 지르고 뛰어다니는 것을 보면서 '난 저렇게 안 키울 거야'라고 다짐했던 제 자신이 부끄럽습니다. 역지사지로 경험해 보니 선배 부모님들의 고충을 백번 이해하게 됐습니다. 아이들이 숟가락으로 상을 두드리고, 입 안에 가득 있던 밥을 뱉어 대

고…. 아아악! 정말 정신이 하나도 없더군요. 아이들을 배불리 먹이고 드디어 저희가 먹으려고 첫 수저를 떴는데 어찌나 맛있던지요! 점점 작은 것에 감사하게 됩니다.

아이가 좋아하는 장난감은 꼭 챙겨 가세요! 아이들은 식탁에 오래 있지 못하니 놀거리를 제공하는 게 맞는 것 같아요. 눈을 떼는 순간 처치 곤란의 사고가 날 수 있으니 나이에 맞는 장난감을 가져가시는 것이 중요합니다. 식사를 마치고는 식당 아주머니께 "더럽게 먹어 죄송합니다"라고 말하며 꾸벅 절을 하고 나왔습니다. 아주 공손하게요.

숙소는 뭐, 비쌀수록 좋은 건 사실입니다. 하지만 주머니 사정도 고려해야죠. 요즘 소셜커머스에 '아니, 이런 가격에 여기서 잘 수 있다니!'라는 생각이 들 정도로 싼 곳이 많아요. 해외여행도 마찬가지고요. 이처럼 놀라운 가격에 요금 세일을 하는 곳이 있으니 여행 계획을 세우는 분들은 여러 할인 사이트들을 잘 살펴보시기 바랍니다. 결정은 빨리 할수록 좋더라고요. 고민하는 그 순간 누군가는 이미 지르고 있으니까 말이죠.

하지만 전 운이 좋게도 같은 소속사의 영화배우 황정민 형님이 숙소를 예약해 줬습니다. 어찌나 감사하던지요. 아무튼 좋은 곳에서 아이들과 즐겁게 놀고 먹었습니다. 풀장도 있었는데요. 아이들과 같이 놀 수 있도록 물 온도를 30도 정도로 해 놓아서 낮에도, 밤에도 따뜻했어요. 아이들도 정말 좋아했고요. 제가 아이들과 수영장에서 수영하다니… 정말 행복했습니다!

그러나 아빠들은 아실 거예요. 아이들과 물놀이한 뒤가 제일 피곤하다는 걸… 지친 몸을 질질 끌고 숙소로 돌아와서 넓은 침대를 뒤로 한 채 바닥에 이불을 깔고 잠깐 누웠습니다. 원래는 아이들을 재우고 아내와 오붓하게 맥주나 한 잔 하던 계획이었는데! 아내가 저를 봤을 때는 이미 코를 '드르렁' 골고 있었다고 하네요. 하하.

첫째 한성이는 물고기를 정말 좋아합니다. 대형마트에 갈 때는 조그마한 어항에 담긴 물고기를 보며 시간 가는 줄 모르고, 목욕을 할 때는 고래 아니면 물고기 장난감을 갖고 놀죠. 이 모습을 보고 "나중에 꼭 고래를 보여 줘야지!"라고 생각하던 차에 아쿠아리움에 데려갔어요. 한성이가 처음 만난 동물은 물개였는데 그때 아이의 표정은 평생 잊을 수 없을 겁니다! 또 아쿠아리움도 공항에서 빌렸던 쌍둥이 유모차 도움을 받아서 편하게 돌아다닐 수 있었어요.

감… 감동받은 표정입니다!

이렇게 시간은 빠르게 흘렀고, 험난하고 즐거웠던 여행이 끝났습니다.

"정말 꿈같은 여행이었어요."

돌아오는 비행기를 타고 오면서 우리 가족은 모두 한 번에 레드썬! 얼마나 피곤했으면! 비행기 안에서 오랜만에 단잠을 잤습니다. 아내에게도, 저에게도 행복한 여행이었습니다. 물론 여행 도중에 힘든 일도 있었지만, 아이들과 아내가 좋아하니 저 또한 즐겁더군요. 네 식구가 함께하는 첫 가족여행으로 또 하나의 작은 도전을 끝낸 듯한 기분이었습니다!

'이제 좀 더 먼 여행도 갈 수 있을까' 하는 아주 막연한 물음표를 떠올리면서 집에 비밀번호를 누르고 들어가는 순간… '와, 집이 제일 좋다!'라는 생각이 들더군요. 하하하.

세상에서 가장 어려운 일은 바로 내 자식을 사람으로 만드는 것이라고 생각합니다. 부모라면 누구나 내 자식들이 사람답게 살면서 행복하길 원하죠. 그리고 힘들다는 것 또한 잘 알고 있습니다. 부모가 되기 위해서는 얼마나 큰 책임감이 있어야 할까요. 누군가 잘못하면 바로 '부모님 누구니?'라고 물어보지 않습니까!

특히 아빠라는 자리는 어렵습니다. 아주 작은 신생아 목욕시키기부터 이렇게 함께 여행까지…. 아이가 계속해서 자라나는 과정을 사랑한다는 마음만 갖고 키우기는 힘듭니다. 끊임없는 관심, 아이들에 대한 아내와의 토론, 그리고 또 하나 중요한 것이 있습니다.

"자신을 유치함으로 포장해서라도 집안에 웃음이 떠나지 않게 하는 일!"

모두 아빠의 책임이라 생각합니다.

제가 이렇게 노력하는 것을 우리 아들들이 알까요? 모르겠죠? 하지만 몰라도 된다고 생각합니다. 남들이 알아주길 원해서 부모가 된 것도 아니니까요. 저는 재롱을 떠는 아이들의 미소를 보며 내일을 준비합니다. 만약 그 미래가 불투명하고 힘들어 눈물이 나고 당장 좌절하고 싶은 생각이 들더라도 힘! 내! 십! 시! 오!

여러분의 정성으로 한 아이가 해맑게 웃으며 무럭무럭 자라고, "엄마 아빠 사랑해요, 엄마 아빠 최고에요"라고 말하고 있으니까요! 여러분은 세상의 수많은 가치 있는 일 중에서도 최고의 일을 하고 있습니다. 슈퍼맨, 슈퍼우먼은 아니지만 그보다 더한 힘을 가진 부모니까 가능한 일입니다. 행복한 가정의 아빠가 되시길 바랍니다!

 아빠가 주는 TIP

모든 엄마들은 위대합니다. 그리고 모든 아빠들도 위대합니다.
당신을 존경합니다. 자기 자신에게 칭찬 한 마디씩 해주세요.

Epilogue
에필로그

"형, 다음에서 형 이야기를 연재하고 싶다는데요?"

어느 날 매니저가 말했습니다. 음, 연재라뇨. 담당자를 미팅하고 어떤 이야기를 쓸까 생각하다 '육아에 대해 쓰자!'는 생각이 떠올랐습니다. 집에 와서 전쟁처럼 아이들을 보고 있었거든요. 그렇게 저의 첫 작가 생활(?)이 시작됐습니다.

한 줄 한 줄 써 내려가면서 육아에 대한 제 생각을 구체적으로 정리할 수 있었습니다. 나아가서는 좀 더 공부를 해야겠다는 생각도 했고요. 원고 마감에 쫓겨 밤도 새봤고, 원고를 잘못 보내 가족 여행을 떠났다가 집으로 돌아온 일도 있었죠.

힘들기도 했지만 첫째와 둘째가 어떻게 자랐는지 다시금 돌아 볼 수 있는 좋은 시간이었습니다. 아이들은 하루가 다르게 크는 모습이 너무 예뻐서 수천 장의 사진을 찍어 놨거든요. 솔직히 육아일기라기보다 '아들 자랑 일기'가 된 것 같습니다.

사실 처음 임신 사실을 알았을 때는 딸을 원했습니다. 그때 제 생각이 얼마나 바보 같았는지요. 내심 아이들에게 미안합니다. 이토록 사랑스런 존재가 또 있을까요? 분명한 건 아이들을 통해 남자가 '아빠'가 되고, 가족을 만들었다는 것입니다. 그러니 딸이든 아들이든 무엇이 중요하겠습니까? 그저 '성별과는 관계없이 건강하게만 자라다오' 하게 되죠.

이렇게 우여곡절 끝에 다음 스토리볼 연재를 끝마친 그날, 어찌나 시원하던지 아내와 함께 자축파티를 했습니다. 정말 생각보다 많은 분들이 연재를 읽어 주시고 격려와 공감, 그리고 자신이 알고 있는 노하우를 담아 댓글을 남겨 주셨습니다. 처음

글인데도, 많은 분들과 소통할 수 있어 정말 행복했습니다. 그리고 이 미천한 글재주를 어여삐 보셔 출판 제의까지 들어왔습니다! 살아생전 제 이름으로 책을 내다니, 즐겁고 즐겁습니다. 하지만 한편으로 깊은 책임감도 느낍니다.

하지만 연재를 할 때나 지금이나 생각은 변함없습니다. 제게 아이가 처음 생겼을 때 찾아 봤던 책과 자료들처럼 이 책 또한 여러분의 육아에 조금이나마 보탬이 됐으면 하는 것입니다.

아무리 잘 준비해도 실전은 다릅니다! 그렇다고 실전에서 부딪쳐 배워야지 하는 안일한 생각은 금물입니다. '실전 경험 많은 사람이 아이를 잘 키운다'는 것은 명백한 사실입니다. 책보다는 한 번의 실습이 좋고요. 이 말은 생각보다는 몸으로 배워 두는 게 좋다는 뜻입니다. 즉, 주위에 먼저 아이를 출산한 친구가 있다면 많은 것을 물어보고 직접 경험해 보세요. 먼저 경험해 본 사람만큼 좋은 스승은 없습니다.

여러분은 아주 위대한 일을 하고 있습니다! 여러분의 사랑과 관심으로 만든 인격체가 나중에 당신을 더 행복하게 만들 것이라니, 멋지지 않나요? 예비 가족 여러분, 상상 이상으로 힘들 것이란 사실은 분명합니다. 하지만 또 하나, 행복은 몸이 힘든 만큼의 2배 이상일 것 역시 분명합니다!

새로운 가족이 생긴 것을 축하드립니다. 분명 좋은 엄마아빠가 될 테니 걱정 마세요! 뭐하세요? 지금부터 움직이세요!

소소하고
행복한 일상들

생일 축하합니다! 후~!

말로만 듣던 3등신?

헤어스타일
깜짝 3단 변신!

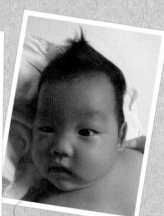

잔디머리?

신사의 전형, 9:1 가르마~

카리스마 넘치는
닭벼슬 머리!

형?
내 의자죠~

아빠랑 기차놀이~

집중 집중!

Q. 책을 내게 된 소감을 말해 주세요!

A. 씨에 씨에, 양꼬치엔 칭따오입니다! 아이를 키우며 책까지 쓰게 됐습니다. 이 책은 저의 지식 자랑이 아니라 평범한 아빠로의 경험을 바탕으로 쓴 일기입니다. 가족은 사람을 달리 만듭니다. 가족이 생긴 여러분, 진심으로 축하드립니다!

Q. 육아일기를 쓴다는 사실이 알려졌을 때, 아내나 동료 등 주변분들의 반응이 궁금합니다.

A. 남자들은 거의 다 "옛날의 네가 아니야", "왜 그렇게 변했어?", "다시 돌아와라, 마초의 상징 정상훈으로!" 등 이야기하며 절 안쓰러운 눈으로 보더군요. 하지만 엄마들 사이에서는 많은 지지를 얻었습니다. "상훈 씨 같은 남편이 있었음 좋겠다", "우리 남편이 상훈 씨 반만 따라가면…" 등의 말들이 쏟아졌고, 덩달아 저희 아내도 좋아하더라고요. 반면 전 '평생 이렇게 살아야 하는 것인가?'에 대한 무서운 의구심 또한 들고 있습니다….

Q. 정말 좋은 아빠인 것 같은데, 저처럼 아이들에게 화날 때도 있는 것 맞죠? 그럴 땐 어떻게 하세요?

A. 물론 화날 때 많습니다! 특히 첫째는 점점 귀염둥이에서 고집불통으로 "싫어"만 외치는 청개구리로 바뀌고 있습니다. 그러나 그때마다 알맞은 교육이 필요하다고 생각합니다. "저희 집은 매를 안 들어요" 하는 분들도 있지만, 매를 드는 분들도 많을 것입니다. 중요한 건 매를 드느냐 안 드느냐가 아니라 '아이가 스스로 잘못한 것을 알고 넘어가느냐 아니냐'입니다. 아이들은 아주 순수해서, 뒤돌아서면 잊는 것 같지만 절대 그렇

지 않습니다. 그러니 아빠가 자신의 캐릭터를 어떻게 만드느냐가 중요하다고 봅니다. '미
끄럼틀과 동급'인 아빠가 어느 날 갑자기 크게 화를 낸다면 아이들의 충격은 엄청날 것
입니다. 그러니 놀아 주는 것도 좋지만, 잘못했을 때는 그냥 넘어가지 말고 꼭 얘기해
주세요. 매를 들으라는 말이 아니라 아빠도 무서울 수도 있다는 것을 보여 주라는 뜻입
니다. 안 그러면 아내가 집을 나가는 순간, 여러분은 통제 불능 쿠테타 상태의 지옥을
맛보게 될지도 모릅니다!

Q. 아이를 키우면서 가장 기억에 남는 순간을 꼽아 본다면?

A. 순간순간 모든 기억이 추억이고 행복이지만 그 중에서도 꼽는다면,

- 아이가 처음 세상에 태어나 여리디 여린 몸으로 품에 안겼을 때
- 몇 개월간 비몽사몽한 시간을 보내다 어느 날 절 보며 씩 웃어 줬을 때
- 또 몇 개월이 흘러, 제 목을 꼭 끌어안으며 마치 '아빠 사랑해요' 말하는 듯 했을 때
- 너무 힘들고 아픈 날, 집에서 화상전화가 와 받을까 말까 망설이다 받았는데 바로
  아이가 "아빠, 힘내세요!" 할 때

그리고… 아이가 비둘기를 보며 뛰어갈 때, 신난다고 아빠 앞에서 소리 지르며 춤출
때, 엄마의 품에 꼭 안겨 따뜻한 햇살을 받으며 낮잠 잘 때 등등 정말 행복해요!

Q. 이 책을 보는 분들 중에서도 특히 예비 아빠들에게 꼭 하고 싶은 조언이 있다면?

A. 행복은 어디에서 뚝 떨어지는 것이 아닙니다. 어느 날 갑자기 찾아오는 로또 같은 행운도 아닙니다. 행복한 가정을 만들고 싶다면 스스로 행복을 만들고 유지시켜야 합니다. 예비 아빠들, 겁먹지 마세요! 다 그렇게 살고 있습니다. 두려울 수 있습니다. 하지만 포기하지 마세요! 이제 여러분은 한 아이의 아빠이고 가장입니다. 나약해지지 마세요. 당신은 분명 좋은 아빠가 돼 행복한 가정을 꾸릴 수 있습니다! 행복한 가정은, 그리고 훌륭한 아빠는 결코 돈으로 만들어지지 않습니다. 제일 중요한 것은 마음이고, 실천하는 모습입니다. 아이가 생겼다는 걸 안 순간부터 당신은 행복한 아빠입니다. 그러니 움직이고 배우세요~ 화이팅!

Q. 앞으로 배우로서, 아빠로서의 계획은 각각 무엇인가요?

A. '좋은 사람'이 되고 싶습니다. 또 거창하기보다는 소박하게 살고 싶어요. 전 좋은 아빠가 좋은 배우가 될 수 있다고 생각합니다. 집안에 걱정과 근심이 끊이지 않는데 어찌 좋은 배우가 될 수 있겠습니까?

Q. 몇 년 후에나 이 책을 읽게 될 아이들에게 한 마디 해 주세요.

A. "'아빠가 널 이만큼 사랑해'보다는 "아빠 또한 너희들로 인해 이만큼이나 행복했다"고 말하고 싶습니다.

엄마 아빠를 위한 깜짝 선물

우리 아이를 한성이, 한음이보다 더 귀엽게 꾸며 주세요!
매경출판 페이스북에서 이 책에 쓰인 합성용 몸 이미지를 제공합니다.
메모지, 카드, 돌잔치 웰컴 보드 만들기 등에 활용해 보세요!

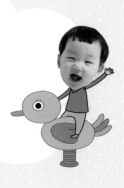